"做中学 学中做"系列教材

Internet应用

◎ 胡 军 底利娟 郭 成 主 编

◎ 王少炳 李晓龙 于志博 副主编

U0303337

电子工业出版社

Publishing House of Electronics Industry

北京·BEIJING

内 容 简 介

本书是Internet的基础实用教程，通过9个模块、46个具体的实用项目，对计算机网络基础、Internet基础、利用浏览器浏览网上信息、搜索网上信息、电子邮箱的申请与使用、文件下载和上传、Internet即时通信与娱乐、Internet的综合应用、Internet网络安全进行了较全面地介绍，使读者可以轻松愉快地掌握Internet常用操作与技能。

本书按照计算机用户循序渐进、由浅入深的学习习惯，以大量的图示、清晰的操作步骤，剖析了从认识网络到使用Internet的过程，既可作为高职院校、中职学校计算机应用、电子商务等相关专业的基础课程教材，也可以作为计算机及信息高新技术考试、计算机等级考试、计算机应用能力考试等认证培训班的教材，还可作为Internet初学者的自学教程。

图书在版编目（CIP）数据

Internet应用 / 胡军，底利娟，郭成主编. —北京：电子工业出版社，2014.7

"做中学 学中做"系列教材

ISBN 978-7-121-23530-6

Ⅰ.①I… Ⅱ.①胡… ②底… ③郭… Ⅲ.①互联网络—中等专业学校—教材 Ⅳ.①TP393.4

中国版本图书馆CIP数据核字（2014）第127703号

策划编辑：杨　波
责任编辑：郝黎明
印　　刷：北京虎彩文化传播有限公司
装　　订：北京虎彩文化传播有限公司
出版发行：电子工业出版社
　　　　　北京市海淀区万寿路173信箱　邮编：100036
开　　本：787×1 092　1/16　印张：15　字数：384千字
版　　次：2014年7月第1版
印　　次：2024年8月第13次印刷
定　　价：36.00元

凡所购买电子工业出版社图书有缺损问题，请向购买书店调换。若书店售缺，请与本社发行部联系，联系及邮购电话：（010）88254888，88258888。

质量投诉请发邮件至zlts@phei.com.cn，盗版侵权举报请发邮件至dbqq@phei.com.cn。

本书咨询联系方式：（010）88254617，luomn@phei.com.cn。

前　言

陶行知先生曾提出"教学做合一"的理论，该理论十分重视"做"在教学中的作用，认为"要想教得好，学得好，就须做得好"。这就是被广泛应用在教育领域的"做中学，学中做"理论，实践能力不是通过书本知识的传递来获得发展，而是通过学生自主地运用多样的活动方式和方法，尝试性地解决问题来获得发展的。从这个意义上看，综合实践活动的实施过程，就是学生围绕实际行动的活动任务进行方法实践的过程，是发展学生的实践能力和基本"职业能力"的内在驱动。

探索、完善和推行"做中学，学中做"的课堂教学模式，是各级各类职业院校发挥职业教育课堂教学作用的关键，既强调学生在实践中的感悟，也强调学生能将自己所学的知识应用到实践之中，让课堂教学更加贴近实际、贴近学生、贴近生活、贴近职业。

本书从自学与教学的实用性、易用性出发，通过具体的行业应用案例，在介绍Internet应用的同时，重点说明Internet与实际应用的内在联系；重点遵循Internet使用人员日常事务处理规则和工作流程，帮助读者更加有序地处理日常工作，达到高效率、高质量和低成本的目的。这样，以典型的行业应用案例为出发点，贯彻知识要点，由简到难，易学易用，让读者在做中学，在学中做，学做结合，知行合一。

✧　编写体例特点

【你知道吗】（引入学习内容）——【项目任务】（具体的项目任务）——【探索时间】（对项目任务进行分析）——【做一做】（学中做，做中学）——【课后习题与指导】（代表性、操作性、实用性）——【知识拓展】（类似项目任务，举一反三）。

在讲解过程中，如果遇到一些使用工具的技巧和诀窍，以"教你一招"、"小提示"的形式加深读者印象，这样既增长了知识，同时也增强学习的趣味性。

✧　本书内容

本书是Internet的基础实用教程，通过9个模块、46个具体的实用项目，对计算机网络基础、Internet基础、利用浏览器浏览网上信息、搜索网上信息、电子邮箱的申请与使用、文件下载和上传、Internet即时通讯与娱乐、Internet的综合应用、Internet网络安全等内容进行了较全面地介绍，使读者可以轻松愉快地掌握Internet常用操作与技能。

本书按照计算机用户循序渐进、由浅入深的学习习惯，以大量的图示、清晰的操作步骤，剖析了从认识网络到使用Internet的过程，既可作为高职院校、中职学校计算机应用、电子商务等相关专业的基础课程教材，也可以作为计算机及信息高新技术考试、计算机等级考试、计算机应用能力考试等认证培训班的教材，还可作为Internet初学者的自学教程。

✧　本书主编

本书由衡阳技师学院胡军、广西玉林市第一中等职业技术学校底利娟、贺州市经济干校郭成主编，广东省汕头市澄海职业技术学校王少炳、河南省会计学校李晓龙、洛阳市第一职业中等专业学校于志博副主编，宋裔桂、魏坤莲、张博、师鸣若、李娟、黄少芬、黄世芝、严敏、郑刚、王大印、陈天翔、朱海波、李洪江、曾卫华、林佳恩、胡勤华等参与编写。一些职业学校的老师参与试教和修改工作，在此表示衷心的感谢。由于编者水平有限，难免有错误和不妥之处，恳请广大读者批评指正。

✧ 课时分配

本书各模块教学内容和课时分配建议如下：

模 块	课 程 内 容	知 识 讲 解	学生动手实践	合 计
01	计算机网络基础	2	2	4
02	Internet 基础	2	2	4
03	利用浏览器浏览网上信息	2	2	4
04	搜索网上信息	2	2	4
05	电子邮箱的申请与使用	2	2	4
06	文件下载和上传	2	2	4
07	Internet 即时通讯与娱乐	5	5	10
08	Internet 的综合应用	5	5	10
09	Internet 网络安全	2	2	4
总计		24	24	48

注：本课程按照48课时设计，授课与上机按照1:1比例，课后练习可另外安排课时。课时分配仅供参考，教学中请根据各自学校的具体情况进行调整。

✧ 教学资源

📁 做中学 学中做-Internet应用-教师备课教案	📄 客服岗位职责
📁 做中学 学中做-Internet应用-授课PPT讲义	📄 前台岗位职责与技能要求
📁 做中学 学中做-Internet应用-知识拓展	📄 全国计算机信息高新技术考试-介绍
📄 全国专业技术人员计算机应用能力（职称）考试-答题技巧	📄 全国计算机信息高新技术考试-因特网应用技能培训和鉴定标准
📄 做中学 学中做-Internet应用-教学指南	📄 全国专业技术人员计算机应用能力（职称）考试-介绍
📄 做中学 学中做-Internet应用-习题答案	📄 文员岗位职责
📄 采购员岗位职责	📄 物业管理人员岗位职责
📄 仓库管理员岗位职责	📄 销售员岗位职责
📄 导购岗位职责	

为了提高学习效率和教学效果，方便教师教学，作者为本书配备了教学指南、相关行业的岗位职责要求、软件使用技巧、教师备课教案模板、授课PPT讲义、相关认证的考试资料知识拓展等丰富的教学辅助资源。请有此需要的读者可登录华信教育资源网（http://www.hxedu.com.cn）免费注册后进行下载，有问题时请在网站留言板留言或与电子工业出版社联系（E-mail:hxedu@phei.com.cn）。

编　者
2014年6月

目　录

模块 01 计算机网络基础

你知道吗？

　　计算机网络是计算机技术和通信技术相结合的产物，是当今计算机科学与工程迅速发展的新兴技术之一，也是计算机应用中一个空前活跃的领域。人们可以借助计算机网络实现信息的交换和共享。如今，网络技术已经深入到人们日常工作、生活的各个角落，随处都可以看到网络的存在，随处都可以享受网络给人们生活带来的便利。

学习目标

➢ 计算机网络概述
➢ 计算机网络的组成和分类
➢ 网络体系结构与通信协议
➢ 局域网技术

项目任务1-1 计算机网络概述

探索时间

1. 谈一谈你对计算机网络的认识。
2. 想一想，在平时的工作和学习中哪些地方用到了计算机网络？

动手做1 了解计算机网络的概念

　　所谓计算机网络，是指将不同的地理位置具有独立功能的多台计算机及其外部设备，通过通信线路连接起来，在网络操作系统，网络管理软件及网络通信协议的管理和协调下，实现资源共享和信息传递的计算机系统。它的功能主要表现在两个方面：一是实现资源共享（包括硬件资源和软件资源的共享）；二是在用户之间交换信息。

　　计算机网络的作用：使分散在网络各处的计算机能共享网上的所有资源，并为用户提供强有力的通信手段和尽可能完善的服务，从而极大地方便用户使用。

　　计算机网络规模可大可小，小到只有几台计算机的网络，大到世界范围内的因特网，它们可以是通过电线或电缆建立的永久连接，也可以是通过电话线路或无线传输建立的暂时连接，无论何种类型的网络，它们都应包含三个主要组成部分：若干台主机（Host）、一个通信子网和一系列的通信协议。

　　（1）主机：用来向用户提供服务的各种计算机。

　　（2）通信子网：用于进行数据通信的通信链路和节点交换机。

（3）通信协议：这是通信双方事先约定好的也是必须遵守的规则，这种约定保证了主机与主机、主机与通信子网以及通信子网中各节点之间的通信。

※ 动手做2 熟悉计算机网络的功能

计算机技术和通信技术结合而产生的计算机网络，不仅使计算机的作用范围超越了地理位置的限制，而且也增大了计算机本身的威力，拓宽了服务，使得它在各领域发挥了重要作用，日益成为计算机应用的主要形式。计算机网络具有下述功能：

（1）数据通信：数据通信即实现计算机与终端、计算机与计算机间的数据传输，是计算机网络最基本的功能，也是实现其他功能的基础。

（2）资源共享：计算机网络的主要作用是共享资源。一般情况下，网络中可共享的资源有硬件资源、软件资源和数据资源，其中共享数据资源最为重要。

（3）远程传输：计算机已经由科学计算向数据处理方面发展，由单机向网络方面发展，且发展的速度很快。分布在很远的用户可以互相传输数据信息、互相交流、协同工作。

（4）集中管理：计算机网络技术的发展和应用，已使得现代办公、经营管理等发生了很大的变化。目前，已经有许多MIS、OA系统等，通过这些系统可以实现日常工作的集中管理，提高工作效率，增加经济效益。

（5）实现分布式处理：网络技术的发展，使得分布式计算成为可能。对于大型的课题，可以分为许许多多的小题目，由不同的计算机分别完成，然后再集中起来解决问题。

（6）负载平衡：负载平衡是指工作被均匀地分配给网络上的各台计算机。网络控制中心负责分配和检测，当某台计算机负载过重时，系统会自动转移部分工作到负载较轻的计算机中去处理。

※ 动手做3 熟悉计算机网络的服务

计算机网络提供的基本服务有以下几种。

（1）文件服务：文件服务可以有效地使用存储设备，管理一个文件的多次复制，对关键数据进行备份等。它是计算机网络提供的主要服务之一。

（2）打印服务：打印服务用来控制和管理对打印机和传真设备的访问。它可以减少一个部门所需要的打印机数量，通过打印机队列作业管理减少计算机传送打印作业的时间，有效地共享特定的打印机。

（3）消息服务：消息服务的内容包括对正文、二进制数据、图像数据以及数字化声像数据的存储、访问和发送。消息服务能够主动地处理计算机用户之间、应用程序之间或者文件之间的交互式通信，它将数据一个点一个点地往前传，并且通知等待这些数据的用户或程序。消息服务的典型应用是网络电子邮件。

（4）应用服务：应用服务是一种替网络客户运行软件的网络服务。网络应用服务可以协调硬件及软件在最为合适的平台上运行实用程序。在网络上不必对每一台计算机升级便可增强关键硬件的处理能力。

（5）数据库服务：数据库服务提供了基于数据库服务器进行数据存储和提取的操作，它允许网络上的客户控制数据的处理以及数据的表示。利用数据库服务，可以优化计算机进行数据库记录的存储、查询以及提取；有效控制数据的存储位置，在部门间对数据进行逻辑组织，保证数据的安全性，减少数据库客户的访问时间。

⚙ 动手做4 掌握计算机网络的应用

计算机网络正处于迅速发展阶段，因为网络技术不断更新，性能和服务日益完善，使其进一步扩大了它的应用范围。计算机网络可用于办公自动化、工厂自动化、企业管理信息系统、生产过程实时控制、军事指挥和控制系统、辅助教学系统、医疗管理系统、银行系统、软件开发系统和商业系统等方面，其中主要应用如下：

（1）信息交流：信息交流始终是计算机网络应用的主要方面：如收发E-mail、浏览WWW信息、在BBS上讨论问题、在线聊天、多媒体教学等。

（2）办公自动化：现在的办公室自动化管理系统可以通过在计算机网络上安装文字处理机、智能复印机、传真机等设备，以及报表、统计及文档管理系统来处理这些工作，使工作的可靠性和效率明显提高。制定计划、写报告、写总结、制表都有现成的标准格式，只要添些具体内容就可完成。统计数据、保存文档、收发通知、签署意见等活动，在网络环境下进行也轻松自如。

（3）电子商务：电子商务包含两个方面：一是电子方式，二是商贸活动。电子商务是利用简单、快捷、低成本的电子通信方式，买卖双方不谋面地进行各种商贸活动。

（4）过程控制：过程控制广泛应用于自动化生产车间，也应用于军事作战、危险作业、航行、汽车行驶控制等领域。

（5）娱乐：计算机游戏很有趣，人们普遍抱以欢迎的态度；网络游戏更有趣，人们玩网络游戏几乎到了着迷的地步。网络游戏、网络视频为人们提供了新的娱乐方式。

⚙ 动手做5 掌握计算机网络技术的发展

计算机网络从产生到发展，总体来说可以分为四个阶段。

1．第一代：面向终端的计算机网络

第一代计算机网络是以单个计算机为中心的远程联机系统，典型应用是由一台计算机和全美范围内2000多个终端组成的飞机订票系统。

第一代计算机网络的终端是一台计算机的外部设备包括显示器和键盘，无CPU和内存。这些地理位置分散的多个终端通过通信线路连到一台中心计算机上，用户可以在自己办公室内的终端通过通信线路传送到中心计算机，分时访问和使用资源进行信息处理，处理结果再通过通信线路回送到用户终端显示或打印。

在第一代计算机网络中，因为所有的终端共享主机资源，因此终端到主机都单独占一条线路，所以使得线路利用率低，而且因为主机既要负责通信又要负责数据处理，因此主机的效率低，而且这种网络组织形式是集中控制形式，所以可靠性较低，如果主机出问题，所有终端都被迫停止工作。面对这样的情况，当时人们提出这样的改进方法，就是在远程终端聚集的地方设置一个终端集中器，把所有的终端聚集到终端集中器，而且终端到集中器之间是低速线路，而终端到主机是高速线路，这样使得主机只要负责数据处理而不要负责通信工作，大大提高了主机的利用率。

当时，人们把计算机网络定义为"以传输信息为目的而连接起来，实现远程信息处理或进一步达到资源共享的系统"，但这样的通信系统已具备网络的雏形。

2．第二代：多主机互联计算机网络

随着计算机网络技术的发展，到20世纪60年代中期，计算机网络不再局限于单计算机网络，许多单计算机网络相互连接形成了由多个单主机系统相连接的计算机网络，这样连接起来的计算机网络体系有两个特点：

（1）多个终端联机系统互联，形成了多主机互联网络。

（2）网络结构体系由主机到终端变为主机到主机。

第二代计算机网络的典型代表是ARPANET。在1962—1965年，美国国防部远景规划局DARPA（Defense Advanced Research Project Agency）和英国的国家物理实验室NPL都在对新型的计算机通信网进行研究。1966年6月，NPL的戴维斯（Davies）首次提出"分组"（Packet）这一名词。1969年12月，美国的分组交换网ARPANET（当时仅4个节点）投入运行。

ARPANET的试验成功使计算机网络的概念发生了根本的变化，早期的面向终端的计算机网络是以单个主机为中心的星型网，各终端通过通信线路共享主机的硬件和软件资源。但分组交换网则是以通信子网为中心，主机和终端都处在网络的外围。这些主机和终端构成了用户资源子网。用户不仅共享通信子网的资源，而且还共享用户资源子网的许多硬件和各种丰富的软件资源。

这个时期，网络概念为"以能够相互共享资源为目的互联起来的具有独立功能的计算机之集合体"，形成了计算机网络的基本概念。这个时期研发的分组交换（Packet Switching）技术是现代计算机网络的技术基础。

3. 第三代：标准计算机网络

1974年，美国的IBM公司宣布了它研制的系统网络体系结构SNA（System Network Architecture）。这个著名的网络标准是按照分层的方法制订的，以后SNA又不断得到改进，更新了几个版本，现在它是世界上使用较为广泛的一种网络结构。不久后，其他一些公司也相继推出本公司的一套体系结构，并都采用不同的名称。网络体系结构出现后，使得一个公司所生产的各种设备都能够很容易地互联成网。然而社会的发展使得不同网络体系结构的用户迫切要求能够互相交换信息。为了使不同体系结构的计算机网络都能互联，国际标准化组织ISO于1977年成立了专门机构研究该问题。不久，他们就提出了一个试图使各种计算机在世界范围内互联成网的标准框架，这就是著名的开放系统互联基本参考模型OSI/RM（Open Systems Interconnection/Reference Model），简称OSI。从这以后，就开始了所谓的第三代计算机网络。

进入80年代中期以来，在计算机网络领域最引人注目的事就是美国的Internet飞速发展。Internet的本来意思就是互联网。有人也将其译为国际互联网，或按音译为Internet。现在Internet已成为世界上最大的国际性计算机互联网。到1983年，ARPANET已连上了三百多台计算机，供美国各研究机构和政府部门使用。在1984年ARPANET分解成两个网络。一个仍称为ARPANET，是民用科研网；另一个是军用计算机MILNET。由于这两个网络都是由许多网络互联而成的，因此它们都称为Internet。后来ARPANET就成为Internet的主干网。美国国家科学基金会NSF认识到计算机网络对科学研究的重要性，因此从1985年起，NSF就围绕其六个大型计算机中心建设计算机网络。1986年，NSF建立了国家科学基金网NSFNET，它是一个三级计算机网络，分为主干网、地区网和校园网，覆盖了全美国主要的大学和研究所，NSFNET也和ARPANET相连。在1989—1990年，NSFNET主干网成为Internet中的主要部分。到了1990年，鉴于ARPANET的实验任务已经完成，在历史上起过重要作用的ARPANET就正式宣布关闭。

1990年，世界上的许多公司纷纷接入到Internet，使网络上的通信量急剧增大，每日传送的分组数达10亿之多。于是美国政府决定将Internet主干转交给私人公司来经营，并开始对接入Internet的单位收费。然后，IBM、MERIT和MCI成立了一个非赢利的公司ANS（Advanced

Networks and Services）。ANS公司建造了一个速率为45Mbit/s的主干网ANSET来取代旧的NSFNET。

目前，几乎所有国家都相继建设了自己的国家级的教育和科研计算机网络，并且与Internet互联在一起。实践表明，凡是建立了国家教育科研计算机网络的国家，其教育和科研事业都明显地得到迅速的发展。

4．第四代：高速网络技术阶段

进入90年代后，计算机网络的发展更加迅速，目前正在向宽带综合业务数字网的方向演变。这也就是人们常说的新一代或第四代计算机网络。新一代计算机网络技术上最主要的特点就是综合化和高速化。

综合化是指将多种业务综合到一个网络中，这样的网络就叫作综合业务数字网ISDN。采用综合业务数字网最大的潜在优点就是经济，这样就可以不必按照不同的业务来分别建造各自的通信网。

网络向综合化发展与多媒体技术的迅速发展也是密切相关的。多媒体技术是指能够同时获取、处理、编辑、存储和显示两种以上不同类型信息的媒体技术。最合适传送多媒体信息的网络显然就是综合业务数字网。

网络高速化也就是宽带化，目前是指网络的传输速率可达到几十至几百兆比特/秒（Mb/s），甚至达到几十吉比特/秒（Gbit/s）的量级。当传输速率超过100 Mbit/s时，一般要采用光纤技术。高速的综合业务数字网使用一种新的快速分组交换方法，即异步转移模式ATM，利用这种交换方式可以较好地进行各种不同业务的综合。采用ATM技术的高速综合业务数字网就称为宽带综合业务数字网B-ISDN，它是目前人们所认识到的比较先进的网络。现有的电话网络（采用电路交换）和计算机网络（采用分组交换）将来都要汇合成为宽带综合业务数字网B-ISDN。

当前世界已进入信息化时代，信息已成为发展社会生产力和提高人民生活质量水平的重要资源。现在，一个国家在经济上能否迅速发展，主要的是要看整个社会信息化的程度如何。而实现社会信息化的一个非常重要的环节就是要建设好一个先进的国家信息网络。这种网络就是上面所说的新一代计算机网络，或宽带综合业务数字网。

5．计算机网络的未来发展趋势

进入21世纪，以计算机网络迅猛发展而形成的网络化是推动信息化、数字化和全球化的基础和核心，因为计算机网络系统正是一种全球开放的，数字化的综合信息系统，基于计算机网络的各种网络应用系统通过在网络中对数字信息的综合采集、存储、传输、处理和利用而在全球范围把人类社会更紧密地联系起来，并以不可抗拒之势影响和冲击着人类社会政治、经济、军事和日常工作、生活的各个方面。因此，计算机网络将注定成为21世纪全球信息社会最重要的基础设施。计算机网络技术的发展也将以其融合一切现代先进信息技术的特殊优势而在21世纪形成一场崭新的信息技术革命，并进一步推动社会信息化和知识经济的发展。而计算机网络系统和相关技术也必将在21世纪社会信息化和知识经济浪潮中具有更快更大的发展。

未来互联网络的发展特征，主要包括开放和大容量的发展方向、一体化和方便使用的发展方向、多媒体网络的发展方向、高效安全的网络管理方向、为应用服务的发展方向、智能网络的发展方向六个方面。

计算机与计算机技术已越来越多地被融入计算机网络这个大系统中，与其他信息技术一起在全球社会信息网络这个大分布环境中发挥作用。因此，人工智能技术、智能计算机与计算机网络技术的融合，形成具有更多思维能力的智能计算机网络，不仅是人工智能技术和智能计

算机发展的必然趋势，也是计算机网络综合信息技术的必然发展趋势。当前，基于计算机网络系统的分布式智能决策系统、分布专家系统、分布知识库系统、分布智能代理技术、分布智能控制系统及智能网络管理技术等的发展，也都明显地体现了未来计算机网络的发展趋向。

总之，随着计算机信息技术渗透到经济社会生活的各个领域，世界正逐步进入到以信息为主导的新经济时代，计算机网络技术的快速发展，对人类经济社会将产生巨大的影响。

巩固练习

1. 计算机网络的概念是什么？
2. 计算机网络主要应用在哪些方面？

项目任务1-2 计算机网络的组成和分类

探索时间

说一说在平时的工作和学习中见到过哪些计算机网络？

≫ 动手做1 了解计算机网络的组成

计算机网络系统由网络硬件和网络软件两部分组成。在网络系统中，硬件对网络的性能起着决定性的作用，是网络运行的载体；而网络软件则是支持网络运行、提高效益和开发网络资源的工具。

1. 网络硬件

网络硬件是计算机网络系统的物质基础。组建计算机网络，首先要将计算机及其附属硬件设备与网络中的其他计算机系统连接起来，实现物理连接。不同的计算机网络系统，在硬件方面是有差别的。

随着计算机技术和网络技术的发展，网络硬件日趋多样化，且功能更强，结构更复杂。常见的网络硬件有：服务器、工作站、网卡（Network Interface Card，NIC）、通信介质及各种网络互联设备，例如集线器（Hub）和交换机（Switch Hub）等。

2. 网络软件

没有软件的网络毫无用处，网络软件是实现网络各种功能不可缺少的软环境。正因为网络软件能够实现丰富的功能，才使得网络应用如此广泛。网络软件通常包括网络操作系统（Network Operating System，NOS）和网络通信协议。

网络中的操作系统可以管理网络中共享的资源，常见的操作系统有Windows XP、Windows 2003、Windows 7、UNIX、Linux和NetWare等。

≫ 动手做2 掌握计算机网络的分类

用于计算机网络分类的标准很多，如拓扑结构、应用协议等，但是这些标准只能反映网络某方面的特征，其实最能反映网络技术本质特征的分类标准是分布距离。按分布距离网络可分为局域网（LAN）、城域网（MAN）、广域网（WAN）和因特网（Internet）。

1. 局域网

局域网（Local Area Network，LAN）是在一个局部的地理范围内（如一个学校、工厂和机关内），一般是方圆几千米以内，将各种计算机、外部设备和数据库等互相联接起来组成的计算机通信网。它可以通过数据通信网或专用数据电路，与远方的局域网、数据库或处理中心相连接，构成一个较大范围的信息处理系统。局域网可以实现文件管理、应用软件共享、打印机共享、扫描仪共享、工作组内的日程安排、电子邮件和传真通信服务等功能。局域网严格意义上是封闭型的，可以由办公室内的两台计算机组成，也可以由一个公司内的上千台计算机组成。

局域网一般为一个部门或单位所有，建网、维护以及扩展等较容易，系统灵活性高。其主要特点是：

（1）覆盖的地理范围较小，只在一个相对独立的局部范围内联，如一座或集中的建筑群内。

（2）使用专门铺设的传输介质进行联网，数据传输速率高（10Mbit/s～10Gbit/s）。

（3）通信延迟时间短，可靠性较高。

（4）局域网大多数采用总线型、星型及环型拓扑结构，结构简单，容易实现。

（5）网络的控制一般趋向于分布式，从而减少了对某个节点的依赖性，避免一个节点发生故障对整个网络的影响。

（6）通常网络归一个单一组织拥有和使用，不受公共网络管理规定的约束，容易进行设备和新技术的应用，不断增强网络功能。

在局域网中，通常至少有一台计算机作为服务器提供资源共享、文件传输、网络安全与管理服务，其他入网的计算机称为工作站。服务器作为管理整个网络的计算机，一般来说性能较好，运行速度较快，硬盘容量较大，可以是高档计算机或专用的服务器；而工作站作为日常使用的计算机，其配置相对较低。图1-1所示为一个典型的校园局域网示意图。

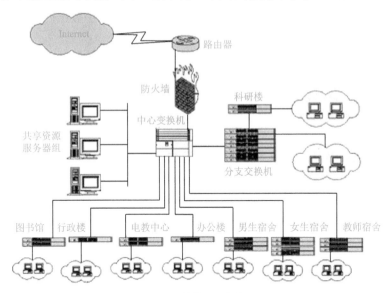

图1-1　局域网示意图

2．城域网

城域网（Metropolitan Area Network，MAN）是在一个城市范围内所建立的计算机通信网，简称MAN。它的传输媒介主要采用光缆，传输速率在100Mbit/s以上。MAN的一个重要用途是用作骨干网，通过它将位于同一城市内不同地点的主机、数据库以及LAN等互相联接起来，这与WAN的作用有相似之处，但两者在实现方法与性能上有很大差别。MAN不仅用于计算机通信，同时也可用于传输话音、图像等信息，成为一种综合利用的通信网，但属于计算机通信网的范畴，不同于综合业务通信网（ISDN）。图1-2所示是徐州教育城域网示意图。

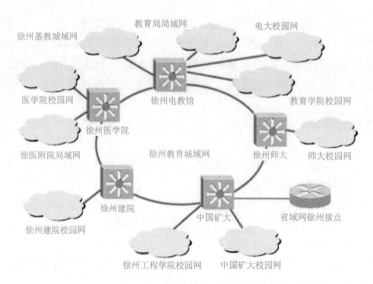

图1-2　城域网示意图

城域网具有以下特点：

（1）传输速率高。宽带城域网采用大容量的**Packet Over SDH**传输技术，为高速路由和交换提供传输保障。吉比特以太网技术在宽带城域网中的广泛应用，使骨干路由器的端口能高速有效地扩展到分布层交换机上。光纤、网线到用户桌面，使数据传输速度达到100M、1000M。

（2）用户投入少，接入简单。宽带城域网用户端设备便宜而且普及，可以使用路由器、集线器甚至普通的网卡。用户只需将光纤、网线进行适当连接，并简单配置用户网卡或路由器的相关参数即可接入宽带城域网。个人用户只要在自己的计算机上安装一块以太网卡，将宽带城域网的接口插入网卡就联网了。安装过程和以前的电话一样，只不过网线代替了电话线，计算机代替了电话机。

（3）技术先进、安全。技术上为用户提供了高度安全的服务保障。宽带城域网在网络中提供了第二层的VLAN隔离，使安全性得到保障。由于VLAN的安全性，只有在用户局域网内的计算机才能互相访问，非用户局域网内的计算机都无法通过非正常途径访问用户的计算机。如果要从网外访问，则必须通过正常的路由和安全体系。因此黑客若想利用底层的漏洞进行破坏是不可能的。虚拟拨号的普通用户通过宽带接入服务器上网，经过账号和密码的验证才可以上网，用户可以非常方便地自行控制上网时间和地点。

3．广域网

广域网（Wide Area Network，WAN）也称远程网。通常跨接很大的物理范围，所覆盖的范围从几十公里到几千公里，它能连接多个城市或国家，或横跨几个洲并能提供远距离通信，形成国际性的远程网络。

广域网广泛应用于国民经济的许多方面，例如银行、邮电、铁路系统及大型网络会议系统所使用的计算机网络都属于广域网。图1-3所示为某公司的广域网示意图。

广域网覆盖的范围比局域网（LAN）和城域网（MAN）都广。广域网的通信子网主要使用分组交换技术。广域网的通信子网可以利用公用分组交换网、卫星通信网和无线分组交换网，它将分布在不同地区的局域网或计算机系统互连起来，达到资源共享的目的。如互联网是世界范围内最大的广域网。

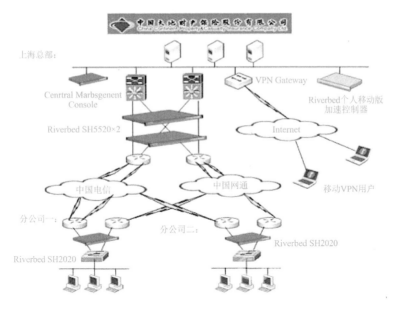

图1-3 广域网示意图

通常广域网的数据传输速率比局域网低，广域网的典型速率是56Kbit/s～155Mbit/s，现在已有622 Mbit/s、2.4 Gbit/s甚至更高速率的广域网；传播延迟可从几毫秒到几百毫秒（使用卫星信道时）。

广域网具有以下特点：

（1）适应大容量与突发性通信的要求。

（2）适应综合业务服务的要求。

（3）开放的设备接口与规范化的协议。

（4）完善的通信服务与网络管理。

巩固练习

1．计算机网络由哪几部分组成？

2．按分布距离网络可分为哪几类？

项目任务1-3 网络通信协议

探索时间

某公司职员小王发现自己在公司计算机的IP地址是固定的，而且是以192.168开头，而自己在家里上网计算机上的IP地址则是变化的，而且是以169.254开头，这是什么原因？

※ 动手做1 了解网络通信协议

网络通信协议（Protocol）是一种特殊的软件，是计算机网络实现其功能的最基本机制。网络协议的本质是规则，即各种硬件和软件必须遵循的共同守则。网络协议并不是一套单独的软件，它融合于其他所有的软件系统中，因此可以说，协议在网络中无所不在。网络协议遍及OSI通信模型的各个层次，从我们非常熟悉的TCP/IP、HTTP、FTP，到OSPF、IGP等协议，有上千种之多。对于普通用户而言，不需要关心太多的底层通信协议，只需要了解其通信原理即可。在实际管理中，底层通信协议一般会自动工作，不需要人工干预。但是对于第三层以上的协议，就经常需要人工干预了，比如TCP/IP就需要人工配置它才能正常工作。

在网络中，通信协议扮演着重要的角色。无论使用哪种网络连接方式，都需要相应的通信协议的支持。如果没有网络通信协议，资源就无法共享，那么网络连接就失去了意义。在局域网中，最常用的通信协议是TCP/IP，此外还有NetBEUI、NWLink IPX/SPX/NetBIOS兼容传输协议和AppleTalk协议等。

动手做2　熟悉OSI体系结构

ISO（International Standards Organization，国际标准化组织）于1978年提出了OSI（Open System Interconnection，开放系统互联参考）模型，该模型是设计和描述网络通信的基本框架，应用最多的是描述网络环境。它将计算机网络的各个方面分成互相独立的七层，描述了网络硬件和软件如何以层的方式协同工作进行网络通信。生产厂商根据OSI模型的标准设计自己的产品。

OSI模型定义了不同计算机互联标准的框架结构，得到国际上的承认。它通过分层把复杂的通信过程分成多个独立的、比较容易解决的子问题。OSI构造了顺序式的七层模型，即物理层、数据链路层、网络层、运输层、会话层、表示层和应用层，不同系统对等层之间按相应协议进行通信，同一系统不同层之间通过接口进行通信，其分层结构如图1-4所示。只有底层物理层完成物理数据传递，其他对等层之间的通信称为逻辑通信，其通信过程为将通信数据交给下一层处理，下一层对数据加上若干控制位后再交给它的下一层处理，最终由物理层传递到对方系统物理层，再逐层向上传递，从而实现对等层之间的逻辑通信。一般用户由最上层的应用层提供服务。

OSI参考模型主要遵循了下述原则。

（1）以现存的非ISO/OSI标准为基础，吸取它们成功的经验，并尽可能地与之兼容。

（2）尽可能地保持各层功能的相对独立性，但又要使各邻接层的功能便于衔接，以构成功能上的单向依赖关系，保证只在相邻层之间建立接口。

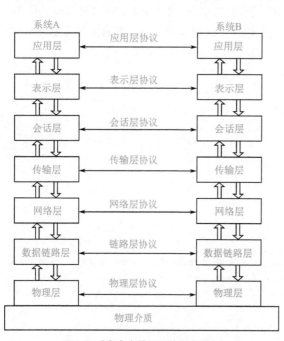

图1-4　OSI参考模型中的七个层次

（3）尽可能地把近似的功能集中在一起构成同一层，以便于局部化，但对那些在进程执行过程中，所涉及的执行方法显示不同的功能应建立独立的层次，以便进行特殊处理。

（4）尽可能在交互点最少的地方，以及那些对未来标准化有影响的点上建立界面，以利于标准化。

（5）当某一层的功能或协议需要扩充、修改以至重新设计时，不能影响整个模型主体结构的变化，只限于某个局部内改动。

（6）在需要不同的通信服务时，可在一个层次内再形成子层次；而不需要该服务时，也可以绕过这些子层次。

（7）应该把层次分成理论上需要的不同等级，每一层都能很好地履行其特定的功能。

在OSI模型中，其每层都包含了不同的网络活动，其各层之间既相对独立，又存在一定的关系。

（1）物理层。

OSI模型的最底层，也是OSI分层结构体系中最重要和最基础的一层。该层建立在通信介质基础之上，实现设备之间的物理接口。

物理层定义了数据编码和流同步，确保发送方与接收方之间的正确传输；定义了比特流的持续时间及比特流如何转换为可在通信介质上传输的电或光信号；定义了电缆线如何接到网络适配器，并定义了通信介质发送数据采用的技术。

（2）数据链路层。

该层负责从网络层向物理层发送数据帧，数据帧是存放数据的有组织的逻辑结构，接收端将来自物理层的比特流打包为数据帧。

数据链路层指明将要发送的每个数据帧的大小和目标地址，以将其送到指定的接收者。该层提供基本的错误识别和校正机制，以确保发送和接收的数据一样。

（3）网络层。

该层负责信息寻址及将逻辑地址和名字转换为物理地址，决定从源计算机到目的计算机之间的路由，并根据物理情况、服务的优先级和其他因素等确定数据应该经过的通道。网络层还管理物理通信问题，如报文交换、路由和数据竞争控制等。

（4）传输层。

通过一个唯一的地址指明计算机网络上的每个节点，并管理节点之间的连接。同时将大的信息分成小块信息，并在接收节点将信息重新组合起来。传输层提供数据流控制和错误处理，以及与报文传输和接收有关的故障处理。

（5）会话层。

该层允许不同计算机上的两个应用程序建立、使用和结束会话连接，并执行名字识别及安全性等功能，允许两个应用程序跨网络通信。

会话层通过在数据流上放置检测点来保护用户任务之间的同步，这样如果网络出现故障，只有最近检测点之后的数据才需要重新传送。

会话层管理通信进程之间的会话，协调数据发送方、发送时间和数据包的大小等。

（6）表示层。

该层确定计算机之间交换数据的格式，可以称其为网络转换器。它负责把网络上传输的数据从一种陈述类型转换到另一种类型，也能在数据传输前将其打乱，并在接收端恢复。

（7）应用层。

OSI的最高层，是应用程序访问网络服务的窗口。本层服务直接支持用户的应用程序，如HTTP（超文本传输协议）、FTP（文件传输协议）、WAP（无线应用协议）和SMTP（简单邮件传输协议）等。在OSI的七个层次中，应用层是最复杂的，所包含的协议也最多，有些还处于研究和开发之中。

✦ 动手做3　掌握TCP/IP

TCP/IP（Transmission Control Protocol/Internet Protocol的简写，中文译名为传输控制协议/互联网络协议）是Internet最基本的协议，简单地说，就是由底层的IP和TCP组成的。TCP/IP的开发工作始于20世纪70年代，是用于互联网的第一套协议。

TCP/IP广泛应用于各种计算机网络，实际名称是"Internet协议系列"。它是最流行的网络通信协议，也是Internet的基础，可以跨越由不同硬件体系和不同操作系统的计算机相互连接的网络进行通信。

TCP/IP是一个协议系列，包括100多个协议，TCP（传输控制协议）和IP（互联网络协议）仅是其中的两个协议。由于它们是最基本和最重要的两个协议，且应用广泛并广为人知，因此通常用TCP/IP代表整个Internet协议系列。

图1-5给出了许多Internet协议系列中的协议及其与OSI各层的对应关系。

OSI参考模型	互联网络协议簇		
应用层	FTP,Telnet, SMTP,SNMP	NFS
表示层		XDR
会话层		RPC
传输层	TCP,UDP	
网络层	路由选择协议IP	ICMP
数据链路层	ARP,RARP	
物理层	未指定	

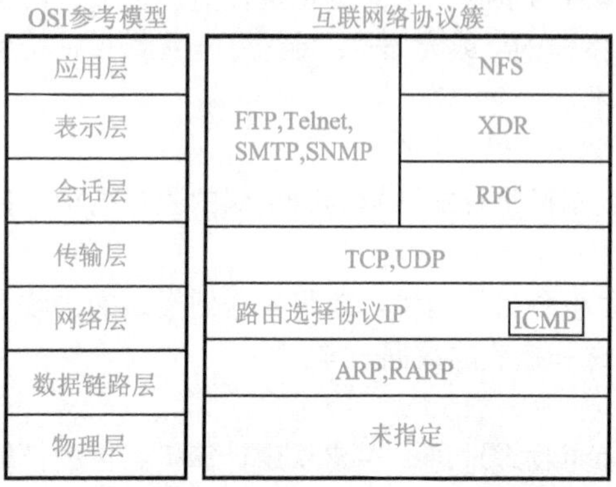

图1-5　Internet协议簇中的协议及其与OSI各层的对应关系

TCP/IP不仅规定了计算机如何进行通信，而且具有路由功能。通过识别子网掩码，可以为企业范围的网络提供更大的灵活性。TCP/IP协议使用IP识别网络中的计算机，每台计算机必须拥有唯一的IP地址。

TCP/IP采用分组交换方式的通信方式。TCP把数据分成若干数据包，并写上序号，以便接收端能够把数据还原成原来的格式；IP为每个数据包写上发送主机和接收主机的地址，这样数据包即可在网络上传输。在传输过程中可能出现顺序颠倒、数据丢失或失真，甚至重复等现象。这些问题都由TCP处理，它具有检查和处理错误的功能，必要时可以请求发送端重发。

Microsoft的联网方案使用了TCP/IP，在目前流行的Windows版本中都内置了该协议，而且在Windows XP/Windows 7/Windows 8中是自动安装的。在Windows Server中，TCP/IP与DNS（域名系统）和DHCP（动态主机配置协议）配合使用。DHCP用来分配IP地址，当用户在计算机登录网络时，自动寻找网络中的DHCP服务器，从中获得网络连接的动态配置并获得IP地址。

✈ 动手做4　掌握IP地址

所谓IP地址就是给每个连接在Internet上的主机分配的一个地址。IP地址被用来给Internet上的计算机分配一个编号，大家日常见到的情况是每台联网的PC上都需要有IP地址，才能正常通信。我们可以把"个人计算机"比作"一台电话"，那么"IP地址"就相当于"电话号码"，而Internet中的路由器，就相当于电信局的"程控式交换机"。

Internet上的每台主机都有一个唯一的IP地址。IP就是使用这个地址在主机之间传递信息，这是Internet 能够运行的基础。IP地址就像是我们的家庭住址一样，如果你要写信给一个人，你就要知道他（她）的地址，这样邮递员才能把信送到。计算机发送信息就好比是邮递员，它必须知道唯一的"家庭地址"才能不至于把信送错人家。只不过我们的地址是使用文字来表示的，计算机的地址用二进制数字表示。

1．IP地址的组成

IP是由32位的0、1所组成的一组数据，因为只有0和1，所以IP的组成就是计算机认识的二进制数的表示方式。不过，因为我们对二进制数不熟悉，为了顺应人们对于十进制数的依赖性，就将32位的IP分成4小段，每段含有8位，将8位二进制数计算成为十进制数，并且每一段中间以小数点隔开，这就成了大家所熟悉的IP的模样了。

IP的表示式：

```
00000000.00000000.00000000.00000000 ==0.0.0.0
11111111.11111111.11111111.11111111 ==255.255.255.255
```

所以IP范围为0.0.0.0～255.255.255.255。

2．IP地址的分类

事实上每个IP地址都包括两个ID（标识码），即网络ID和主机ID，这里先以 192.168.0.0～192.168.0.255 这个网段为例来进行说明。

```
11000000.10101000.00000000.00000000
11000000.10101000.00000000.11111111
|------------网络ID-------|-主机ID-|
```

在这个网段中，前面3组数字（192.168.0）称为网络ID，最后面一组数字则称为主机ID。同一个物理网络上的所有主机都用同一个网络ID，网络上的一个主机（工作站、服务器和路由器等）对应有一个主机ID。这样把IP地址的4个字节划分为两个部分，一部分用来标明具体的网络段，即网络ID；另一部分用来标明具体的节点，即主机ID。

这样的32位地址又分为五类，分别对应于A类、B类、C类、D类和E类IP地址。

（1）A类IP地址：用前面8位来标识网络ID，其中规定最前面一位为"0"，后24位标识主机地址，即A类地址的第一段取值（也即网络ID）可以是"00000001～01111111"之间任一数字，转换为十进制数后即为1～128。主机号没有做硬性规定，所以它的IP地址范围为"1.0.0.0～128.255.255.255"。A类地址主要提供给大型政府网络，因为A地址中有10.0.0.0～10.255.255.254和127.0.0.0～127.255.255.254这两段地址有专门用途，所以全世界总共只有126个可用的A类网络。每个A类网络最多可以连接16 777 214台计算机，这类地址数是最少的，但这类网络所允许连接的计算机是最多的。

（2）B类IP地址：用前面16位来标识网络ID，其中最前面两位规定为"10"，16位标识主机号，也就是说B类地址的第一段为"10000000～10111111"，转换成十进制数后即为128～191，第一段和第二段合在一起表示网络ID，它的地址范围为"128.0.0.0～191.255.255.255"。B类地址适用于中等规模的网络，全世界大约有16 000个B类网络，每个B类网络最多可以连接65 534台计算机。这类IP地址通常提供给中等规模的网络。其中172.16.0.0～172.31.255.254地址段有专门用途。

（3）C类IP地址：用前面24位来标识网络ID，其中最前面三位规定为"110"，8位标识主机ID。这样C类地址的第一段取值为"11000000～11011111"，转换成十进制数后即为192～223。第一段、第二段、第三段合在一起表示网络ID，最后一段标识网络上的主机ID，它的地址范围为"192.0.0.0～223.255.255.255"。C类地址适用于校园网等小型网络，每个C类网络最多可以有256台计算机。这类地址是所有的地址类型中地址数最多的，但这类网络所允许连接的计算机也是最少的。这类IP地址可分配给任何有需要的人。其中192.168.0.0～192.168.255.255为企业局域网专用地址段。

（4）D类地址：它用于多重广播组，一个多重广播组可能包括1台或更多主机，或根本没有。D类地址的最高位为"1110"，第一段为"11100000～11101111"，转换成十进制数即为224～239，剩余的位用于设计客户机参加的特定组，它的地址范围为"224.0.1.1～239.255.255.255"。在多重广播操作中没有网络或主机位，数据包将传送到网络中选定的主机子集中，只有注册了多重广播地址的主机才能接收到数据包。Microsoft支

持D类地址，用于应用程序将多重广播数据发送到网络间的主机上，包括WINS和Microsoft NetShow。

（5）E类地址：这是一个很少用到的实验性地址，保留作为以后使用。E类地址的最高位为"11110"，第一段为"11110000~11110111"，转换成十进制数即为240~247。

3．子网掩码的应用

在各类网段中，用户还是可以继续将网络细分的，前面提到IP分为网络ID与主机ID，例如C类网段的网络ID占了24位，而其实用户还可以将这样的网段分得更细，让第一个主机ID作为网络ID，这样整个网络ID就有25位，至于主机ID则减少为7位。这样原来的一个C类网段就可以被切分为两个子网段，而每个子网段就有"256/2-2=126"个可用的IP了。

到底使用什么参数来实现子网络的划分呢？这就是子网掩码（Netmask）的作用。子网掩码是用来定义网段的一个最重要的参数，以192.168.0.0~192.168.0.255这个网段为范例。该IP网段的地址分为网络ID与主机ID，既然网络ID是不可变的，那就假设它所占据的位数已经被用光了（全部为1），而主机ID是可变的，就将它想成是保留的（全部为0），所以子网掩码的表示就为：

```
192.168.0.0~192.168.0.255
11000000.10101000.00000000.00000000
11000000.10101000.00000000.11111111
|--------------网络ID ------------|-主机ID-|
11111111.11111111.11111111.00000000          二进制子网掩码
255.255.255.0                                十进制子网掩码
```

将它转成十进制数的话，就是"255.255.255.0"，那么A、B、C类网段的子网掩码十进制数表示就成为这样：

```
A 类网段: 11111111.00000000.00000000.00000000          255.0.0.0
B 类网段: 11111111.11111111.00000000.00000000          255.255.0.0
C 类网段: 11111111.11111111.11111111.00000000          255.255.255.0
```

所以说，192.168.0.0~192.168.0.255这个C类网段中，它的子网掩码就是255.255.255.0。当主机ID全部为0和全部为1时，该IP是不可以使用的，因为主机ID全部为0时，表示IP是该网段的第一个IP（Network），全部为1时就表示该网段最后一个IP，也称为Broadcast。所以说，在192.168.0.0~192.168.0.255这个IP网段中的相关网络参数就有：

```
Netmask: 255.255.255.0          子网掩码, 网段定义中, 最重要的参数
Network: 192.168.0.0            第1个IP
Broadcast: 192.168.0.255        最后1个IP
```

一般来说，如果用户知道了第一个IP（Network）和子网掩码（Netmask）后，就可以定义出该网段的所有IP，因为由子网掩码（Netmask）就可以推算出最后一个IP（Broadcast）。因此，用户常常会以Network以及Netmask来表示一个网段，例如这样的写法：

```
Network/Netmask
192.168.0.0/255.255.255.0
192.168.0.0/24
```

既然子网掩码（Netmask）中的网络ID都是1，那么C类网段共有24位的网络ID，所以就有类似于上面192.168.0.0/24这样的写法，这就是一般网段的表示方法。下面再介绍一下如何

继续进行子网段的划分，这里以192.168.0.0/24（192.168.0.0~192.168.0.255）为例。从前面的介绍中用户知道主机ID可以用来当做网络ID，那么当网络ID使用了25位时，就会如下所示：

原来的C类网段

```
11000000.10101000.00000000.00000000
11000000.10101000.00000000.11111111
|---------------网络ID ------------|-主机ID-|
```

切成两个子网络

子网络一

```
11000000.10101000.00000000.00000000          第一个IP（Network）
11000000.10101000.00000000.01111111          最后一个IP（Broadcast）
|---------------网络ID--------------|主机ID|
11111111.11111111.11111111.10000000          二进制子网掩码（Netmask）
255.255.255.128                              十进制子网掩码（Netmask）
```

所有IP与网段表示式

```
192.168.0.0 ~ 192.168.0.127
192.168.0.0/25或192.168.0.0/255.255.255.128
```

子网络二

```
11000000.10101000.00000000.10000000          第一个IP（Network）
11000000.10101000.00000000.11111111          最后一个IP（Broadcast）
|-----------------网络ID -----------|主机ID|
11111111.11111111.11111111.10000000          二进制子网掩码（Netmask）
255.255.255.128                              十进制子网掩码（Netmask）
```

所有IP与网段表示式

```
192.168.0.128 ~ 192.168.0.255
192.168.0.128/25或192.168.0.128/255.255.255.128
```

而两个子网段还可以再细分下去（网络ID用掉26位），用户可以自己尝试。

4．IP 的种类与 IP 的取得方式

有些用户会常常听到诸如真实IP、保留IP、虚拟IP等关于IP的词。其实在 IP 里面有两种IP，一种称为 Public IP，翻译成为公共的或者是公开的 IP。另一种则是 Private IP，翻译成为私有 IP或者是内部保留 IP。只要能够直接而不必通过其他机制就能与 Internet 上面的主机进行沟通的，那就是 public IP，无法直接与 Internet 上面沟通的，那就是 Private IP，这是一个区分这两种IP的最简单的分辨方法。

早在 IP 规划的时候就担心 IP 会有不足的情况，而且为了应付某些私有网络的网络设置，于是就有了私有 IP（Private IP）的产生。在 A、B、C 三个 Class 当中各保留一段IP 作为私有IP 网段，那就是：

- A Class：10.0.0.0 ~ 10.255.255.255
- B Class：172.16.0.0 ~ 172.31.255.255
- C Class：192.168.0.0 ~ 192.168.255.255

由于这三个Class的IP是预留使用的，所以并不能作为直接连接到Internet 上面的主机的IP之用，这三个网段就只作为内部私有网段的IP 沟通之用，它有下面的几个限制：

- 私有地址的路由信息不能对外散播。
- 使用私有地址作为来源或目的地址的数据包，不能通过 Internet 来转送。
- 关于私有地址的参考纪录（如DNS），只能限于内部网络使用。

TCP/IP协议需要针对不同的网络进行不同的设置，且每个节点一般需要一个"IP地址"

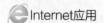

一个"子网掩码"、一个"默认网关"。不过，可以通过动态主机配置协议（DHCP）给客户端自动分配一个IP地址，避免了出错，也简化了TCP/IP的设置。

5．IPv4和IPv6

目前IP的版本号是4（简称为IPv4），IPv4的地址位数为32位，也就是最多有2^{32}台计算机可以连到Internet上。

IPv6是下一代互联网的协议，它的提出最初是因为随着互联网的迅速发展，IPv4定义的有限地址空间将被耗尽，地址空间的不足必将妨碍互联网的进一步发展。为了扩大地址空间，拟通过IPv6重新定义地址空间。IPv6采用128位地址长度，几乎可以不受限制地提供地址。按保守方法估算IPv6实际可分配的地址，整个地球的每平方米面积上可分配1 000多个地址。在IPv6的设计过程中，除了一劳永逸地解决了地址短缺问题以外，还考虑了在IPv4中不好解决的其他问题，主要有端到端IP连接、服务质量（QoS）、安全性、多播、移动性、即插即用等。

IPv6与IPv4相比有以下特点：

（1）更大的地址空间。IPv4中规定IP地址长度为32，即有$2^{32}-1$个地址；而IPv6中IP地址的长度为128，即有$2^{128}-1$个地址。

（2）更小的路由表。IPv6的地址分配一开始就遵循聚类（Aggregation）的原则，这使得路由器能在路由表中用一条记录（Entry）表示一片子网，大大减小了路由器中路由表的长度，提高了路由器转发数据包的速度。

（3）增强的组播（Multicast）支持以及对流的支持（Flow-control）。这使得网络上的多媒体应用有了长足发展的机会，为服务质量（QoS）控制提供了良好的网络平台。

（4）加入了对自动配置（Auto-configuration）的支持。这是对DHCP的改进和扩展，使得网络（尤其是局域网）的管理更加方便和快捷。

（5）更高的安全性。在使用IPv6的网络中，用户可以对网络层的数据进行加密并对IP数据包进行校验，这极大地增强了网络安全。

∷ 动手做5　其他常用的网络协议

一些公司根据国际标准和自己的产品特点制定了自己的网络协议，如IBM公司的NetBEUI协议，Novell公司的IPX/SPX协议等。

1．NetBEUI协议

NetBEUI（NetBIOS Extend User Interface，用户扩展接口）协议是由IBM公司于1985年开发的，它是一种体积小、效率高、速度快的通信协议，同时它也是微软最为喜爱的一种协议。它主要适用于早期的微软操作系统，如：DOS、LAN Manager、Windows 3.x和Windows for Workgroup等。微软在当今流行的Windows操作系统中仍把它视为固有默认协议，在用Windows 9x和Windows Me组网进入NT网络时一定不能仅用TCP/IP，还必须加上NetBEUI协议，否则就无法实现网络连通。

NetBEUI通信协议对系统的要求不高，运行后占用系统资源最少，其不具有路由功能，不能实现跨网络通信。

NetBEUI是为IBM开发的非路由协议，用于携带NetBIOS通信。NetBEUI缺乏路由和网络层寻址功能，这既是其最大的优点，也是其最大的缺点。因为它不需要附加的网络地址和网络层头尾，所以使用起来速度非常快，也很有效，且适用于只有单个网络或整个环境都桥接起来的小工作组环境。

因为NetBEUI协议不支持路由，所以它永远不会成为企业网络的主要协议，NetBEUI帧中唯一的地址是数据链路层媒体访问控制（MAC）地址，该地址标识了网卡，但没有标识网络。路由器靠网络地址将帧转发到最终目的地，而NetBEUI帧完全缺乏该信息。

网桥负责按照数据链路层地址在网络之间转发通信，但是有很多缺点。因为所有的广播通信都必须转发到每个网络中，所以网桥的扩展性不好。NetBEUI 特别包括了广播通信的计数并依赖它解决命名冲突。一般而言，桥接 NetBEUI 网络很少超过100台主机。

总之，NetBEUI 协议是一种短小精悍、通信效率高的广播型协议，安装后不需要进行设置，特别适合于在"网络邻居"间传送数据。建议用户除了安装 TCP/IP 之外，局域网的计算机最好也安装 NetBEUI 协议。另外，如果一台安装了 TCP/IP 的 Windows 98机器要想加入到WinNT 域，也必须安装 NetBEUI 协议。

2．IPX/SPX协议

IPX/SPX（Internetwork Packet Exchange/Sequences Packet Exchange，网际包交换/顺序包交换）协议是Novell公司为了适应网络的发展而开发的通信协议，它的体积比较大，在复杂网络环境下有很强的适应性，同时也具有"路由"功能，能实现多网段间的跨段通信。当用户接入的是NetWare服务器时，IPX/SPX及其兼容协议应是最好的选择。另外，IPX/SPX协议还应用于局域网游戏环境中（比如反恐精英、星际争霸）。但在Windows环境中一般不会使用，特别要强调的是在NT网络和Windows 9x对等网中无法直接使用IPX/SPX协议进行通信。

IPX/SPX的工作方式较简单，不需要任何配置，它可通过"网络地址"来识别自己的身份。在整个协议中，IPX是NetWare底层的协议，它只负责数据在网络中的移动，并不保证数据传输是否成功，而SPX在协议中负责对整个传输的数据进行无差错处理。在NT中提供了两个IPX/SPX的兼容协议：NWLink IPX/SPX兼容协议和NWLink NetBIOS，两者统称为NWLink通信协议。它继承了IPX/SPX协议的优点，更适应微软的操作系统和网络环境，当需要利用Windows系统进入NetWare服务器时，NWLink通信协议是最好的选择。

IPX具有完全的路由能力，可用于大型企业网。它包括32位网络地址，在单个环境中允许有许多路由网络。IPX的可扩展性受其高层广播通信和高开销的限制。服务广告协议（Service Advertising Protocol, SAP）将路由网络中的主机数限制为几千。尽管SAP的局限性已经被智能路由器和服务器配置所克服，但大规模IPX网络的管理仍是非常困难的工作。

3．PPP

PPP是点对点协议（Point-to-Point Protocol）的缩写，是通过串行线路运行TCP/IP的标准，它能够遍历用户端到目的地址之间的一条完整的线路连接，并且具有数据压缩和校检等功能，PPP是一种被广泛认可的Internet标准，我们家庭计算机拨号上网使用的就是PPP。

巩固练习

1．OSI模型分为几个层？
2．TCP/IP是不是只包含TCP（传输控制协议）和IP（互联网络协议）两个协议？

项目任务1-4 局域网技术

探索时间

小明家里计算机多，他买了一个无线路由器在家里组建了一个小型网络共享Internet，想一想，小王组建的这个小型网络是什么结构的网络？

动手做1　了解局域网的分类

局域网是指在一个相对有限的地理范围内（一所学校、一家公司或一个政府部门），由一组PC、服务器、打印机和类似的设备连接组成的网络。

网络的拓扑结构是指网络中各节点的位置和相互连接的方式，根据网络拓扑结构的不同，主要可分为总线型、星型、环型和混合型。

1．总线型结构

总线型结构是指网络中的每台工作站共同使用一条通信线路，这条单独的传输线路被称为总线，如果网络中一个工作站上发送了数据信息，该信息就会通过总线传送到每个工作站中，这些工作站会分析信息是否是发送给自己的，然后决定是否接收。

在组建这种类型的网络时，通常需要终端电阻等设备，它的作用是让两条线路形成闭合回路，其需要的线材为同轴电缆。其他的设备还包括BNC接头、T型头等，由于不需要中间的连接设备，因此，组网成本比较低，其连接方式如图1-6所示。

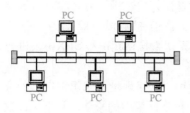

图1-6　总线型拓扑结构

这种结构具有费用低、数据端用户入网灵活、站点或某个端用户失效不影响其他站点或端用户通信的优点。缺点是一次仅能一个端用户发送数据，其他端用户必须等待到获得发送权，媒体访问获取机制较复杂。尽管有上述一些缺点，但由于布线要求简单，扩充容易，端用户失效、增删不影响全网工作，所以是LAN技术中使用最普遍的一种。

在组建和使用总线型拓扑结构的网络时，应注意下面两个问题：

（1）两个工作站之间的线缆长度不能超过185 m，也不能小于0.5 m，其有效传输总距离在1 000 m以内，整个网络最多可连接30台计算机。

（2）网络中的同轴电缆上任何一个接头断路或短路都会造成整个网络无法运行，而且必须安装终端电阻。

2．星型结构

在星型拓扑结构的网络中，所有的工作站都直接连接到集线器或交换机上，在各个工作站之间传输数据时，都要通过集线器或交换机进行中转，当网络中一段线路损坏时，不会影响到其他工作站使用网络。

星型拓扑结构是出现最早的一种网络类型，它采用集中控制的方式，结构简单、易于扩充、网络延迟时间短、传输误差较低、运行较稳定、组建简单易操作，便于管理，成本也较低。由于具有上面所说的优点，星型拓扑结构成为目前最常用的一种网络类型。

在组建星型网络时，通常使用双绞线作为传输介质，另外还需要集线器或交换机等网络设备。需要注意的是，每段双绞线的长度一般不要超过100 m，否则数据传输时将出现衰减现象，星型拓扑结构的连接方式如图1-7所示。

3．环型结构

环型拓扑结构是将每个工作站都连接在一个闭合的环路中，在网络中传输的数据按一定的方向通过所有的工作站，最后再回到起始的工作站。每个工作站将判断自己是否为数据发送的目标地址，然后决定是否接收该数据，网络中的每个工作站相当于一个中继器，信号会按原来的强度继续进行传输，而不会发生衰减。

环型网络虽然可以保持信号传输的质量不变，但在网络中增加工作站数量比较困难，运行也不太稳定，且不易管理和维护，所以这种结构目前不太常用，其连接方式如图1-8所示。

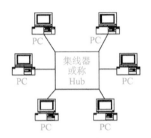
图1-7 星型拓扑结构

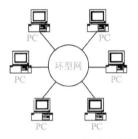
图1-8 环型拓扑结构

4．混合型结构

这种网络拓扑结构是由前面所讲的星型结构和总线型结构的网络结合在一起的网络结构，这样的拓扑结构更能满足较大网络的拓展需求，解决星型网络在传输距离上的局限，而同时又解决了总线型网络连接用户数量的限制。这种网络拓扑结构同时兼顾了星型网与总线型网络的优点。

这种网络拓扑结构主要用于较大型的局域网中，如果一个单位的几个分部在地理位置上分布较远（当然是同一小区中），单纯用星型网来组建整个公司的局域网，因受到星型网传输介质——双绞线的单段传输距离（100 m）的限制很难实现正常连接；如果单纯采用总线型结构来布线则不能满足公司的计算机网络规模的需求。结合这两种拓扑结构，在同一栋楼层我们采用双绞线的星型结构，而不同楼层我们采用同轴电缆的总线型结构，而在楼与楼之间我们也必须采用总线型，传输介质则要视楼与楼之间的距离而定，如果距离较近（500 m以内）可以采用粗同轴电缆来作为传输介质；如果在180 m之内还可以采用细同轴电缆来作为传输介质；如果超过500 m我们只有采用光缆或者粗缆加中继器来满足了。这种布线方式就是我们常见的综合布线方式，它主要有以下几个方面的特点。

（1）应用相当广泛：这主要是因它解决了星型和总线型拓扑结构的不足，满足了大公司组网的实际需求。

（2）扩展相当灵活：这主要是继承了星型拓扑结构的优点。但由于仍采用广播式的消息传送方式，所以在总线长度和节点数量上也会受到限制，不过这在局域网中不存在太大的问题。

（3）具有总线型网络结构的缺点：网络速率会随着用户的增多而下降。

（4）较难维护：这主要受到总线型网络拓扑结构的制约，如果总线断了，则整个网络也就瘫痪了，但是如果是分支网段出了故障，则不会影响整个网络的正常运作。

（5）速度较快：因为其骨干网采用高速的同轴电缆或光缆，所以整个网络在速度上应不受太多的限制。

⨳ 动手做2　了解局域网的结构

局域网按不同的标准可分为不同的类型。如按网络的用途划分，可分为家庭网、办公网和校园网等；如按网络中计算机的地位和连接方式的不同，可分为专用服务器、主从式和对等式三种结构类型。

1．专用服务器结构

在专用服务器网络结构中，所有的工作站之间无法彼此直接进行通信，它们以一台专用文件服务器为中心，需要通过服务器作为中介来实现数据交换。每个工作站上所有的文件读取、数据传输都在服务器的控制中。

该类型的网络可以采用总线型拓扑结构，也可以采用星型拓扑结构，通常用于对保密性要求较高的场合。

综合专用服务器网络的各项性能，它具有以下一些优点。

（1）数据的保密性强，可按照不同的需要为工作站端用户设置相应的权限。

（2）文件的安全管理性能优良。

（3）网络运行稳定，可靠性较高。

同时它还具有以下一些缺点。

（1）网络中数据传输率太低，由于所有的应用程序及文件都存放在文件服务器中，当工作站端用户需要使用这些资源时，都要从服务器上获得，大量的数据在传输介质上传送会降低它的速度。

（2）网络中工作站的各种资源无法直接共享，这样不能有效地利用现有资源。

（3）该类型的网络技术性较高，安装维护相对较困难，需要具有一定专业知识的人员来完成。

2．主从式结构

在主从式网络中，包括客户端和服务器端两个基本组成部分。提出服务请求的一方称为客户端（Client），提供服务的一方称为服务器端（Server）。服务器不断检测网络中是否有客户机提出服务请求，当检测到请求后，就会将相关数据传送给客户端计算机。

主从式网络解决了专用服务器结构中存在的某些不足，它与专用服务器网络最大的区别就是客户端具有一定的程序和数据处理能力，而且不需要服务器的参与，客户机之间就可以直接进行通信，这样大大减轻了服务器和网络的负荷，从而提高了整个网络的工作效率。

组建主从式网络时，也可以采用总线型或星型两种网络拓扑结构，一般应用于办公网、校园网和多媒体教室中。

主从式网络具有可靠性高、响应时间短、工作效率高等优点，而且组建成本低，易于扩充；但也存在不易于管理等缺点。

3．对等式结构

对等式网络结构又称为点对点网络，这种类型的网络中不需要专用的服务器，每一台计算机都是对等机，拥有绝对的自主权，它们既可以独立工作又可以协同工作。所谓对等机，是指既可作为服务器使用，又可作为工作站使用的计算机，任何一台有足够磁盘空间和内存的计算机都可以作为对等机。

对等式网络也可以采用总线型或星型网络拓扑结构，星型的对等式网络是目前最常用的一种组网方式，如在企事业单位的办公网或网吧中都采用这种结构。

在对等式网络中，没有专用的服务器，网络中的对等机除了可以相互通信之外，其资源也可以直接共享，如某台机器上安装并共享了光驱、打印机等硬件设备，其他网络用户就可以很方便地使用，而且组建简单，成本也较低，但计算机上的数据保密性较差，不能进行集中管理。

动手做3　掌握局域网的基本组成

局域网一般由计算机、网络适配器、传输介质、网络互联设备和软件系统5部分组成。

局域网中的计算机统称为主机，根据它们在网络系统中所起的作用，可划分为服务器和客户机。

（1）服务器：向所有客户机提供服务的机器，装备有网络的共享资源。根据服务器的用途不同可分为文件服务器、数据库服务器、打印服务器、文件传输服务器和电子邮件服务器等。

（2）客户机：也称为工作站，它能独立运行，具有本地处理能力，但联网后功能更强。

网络适配器也叫网络接口卡，俗称网卡。计算机通过网络适配器与网络相连，网卡的性能主要取决于总线宽度和卡上的内存。

计算机互连在一起必须有传输介质，局域网中常用的传输介质有：双绞线、同轴电缆、光缆及无线信道等。

网络互联设备主要负责网间协议和功能转换，不同的网络互联设备工作在不同的协议层中。常用的网络互联设备有以下几种。

（1）中继器：工作在物理层，实现干线间的连接。

（2）集线器：作为一个中心节点，连接多条传输媒体。

（3）网桥：工作在数据链路层，它要求两个互联的网络在数据链路层以上采用相同或兼容的网络协议，分为本地网桥和外部网桥。

（4）路由器：工作在网络层。

（5）网关：工作于传输层、会话层、表示层和应用层，可实现两种不同协议的网络互联。

（6）交换机：是一种新型的网络互联设备，它将传统的"共享"传输介质技术改变为"独占"，提高了网络的带宽。

（7）调制解调器：用于通过公用电话网连接Internet的常用接入设备。

具备了上述几种网络构件，便可搭建一个基本的局域网硬件平台，有了局域网硬件环境，还需要控制和管理局域网正常运行的软件，局域网软件系统包括以下几种。

（1）通信协议：广泛使用的TCP/IP、NetBEUI协议和IPX/SPX协议等。

（2）操作系统：有两类，一类是服务器客户机模式（Windows 2000 Server、Windows Server 2003、Windows Server 2008、UNIX、Linux、NetWare、OS/2等）；另一类是端对端对等方式（Windows XP、Windows 7等）。

巩固练习

1．局域网一般由哪些部分组成？

2．根据网络拓扑结构局域网可分为哪几类？

课后练习与指导

一、选择题

1．计算机网络的发展大致上经历了四个阶段，第几代计算机网络为计算机网络的普及奠定了基础。（　　）

  A．第一代计算机网络   B．第二代计算机网络

  C．第三代计算机网络   D．第四代计算机网络

2．下面关于第二代计算机网络的作用说法正确的有（　　）。

  A．第二代计算机网络采用分组交换技术

  B．第二代计算机网络以通信子网为中心

  C．第二代计算机网络结构体系由主机到终端变为主机到主机

  D．第二代计算机网络的基本概念为：以能够相互共享资源为目的互联起来的具有独立功能的计算机之集合体

3．计算机网络最基本的功能是（　　）。

  A．数据通信   B．资源共享

  C．集中管理   D．实现分布式处理

4．下面哪些说法是局域网的特点。（　　）

  A．覆盖的地理范围较小   B．通信延迟时间短，可靠性较高

  C．配置容易，传输速率高   D．适应大容量与突发性通信的要求

5. 下面哪些说法是城域网的特点。（ 　　）
   A. 传输媒介主要采用光缆，传输速率在100Mbit/s以上
   B. 可用于传输话音、图像等信息
   C. 结构简单，容易实现
   D. 普通用户投入少，接入简单

6. 下面哪些说法是广域网的特点。（ 　　）
   A. 广域网通常以高速电缆、光缆、微波、卫星以及红外通信等方式进行连接，并且可以实现跨地区、跨国家的网络连接
   B. 具有开放的设备接口与规范化的协议
   C. 传输速率比局域网快
   D. 广域网最具有代表性的网络就是校园网

7. 关于总线型结构局域网的说法正确的是（ 　　）。
   A. 组建这种类型的网络时通常需要终端电阻、同轴电缆、BNC接头和T型头等设备
   B. 它具有费用低、数据端用户入网灵活、站点或某个端用户失效不影响其他站点或端用户通信等优点
   C. 它具有一次仅能一个用户发送数据，其他端用户必须等待获得发送权，媒体访问获取机制较复杂等缺点
   D. 网络中的同轴电缆上任何一个接头断路或短路都会造成整个网络无法运行

8. 关于星型结构局域网的说法错误的是（ 　　）。
   A. 组建星型网络时通常使用双绞线作为传输介质，同时还需要集线器或交换机等设备
   B. 网络中一段线路损坏时，不会影响到其他工作站使用网络
   C. 它具有结构简单、易于扩充、网络延迟时间短、传输误差较低、运行较稳定、组建简单易操作、便于管理、成本也较低等优点
   D. 每段双绞线的长度不能超过185 m，也不能小于0.5 m

9. 关于环型结构局域网的说法正确的是（ 　　）。
   A. 在网络中传输的数据按一定的方向通过所有的工作站，最后才回到起始的工作站，每个工作站将判断自己是否为数据发送的目标地址，然后决定是否接收该数据
   B. 网络中的每个工作站相当于一个中继器，信号会按原来的强度继续进行传输，而不会发生衰减
   C. 具有增加工作站数量比较困难，运行不稳定，而且不易管理和维护等缺点
   D. 它具有可以保持信号传输的质量不变等优点

10. 下面关于OSI参考模型的说法正确的有（ 　　）。
    A. OSI参考模型是国际化标准组织（ISO）制定的模型，称为开放系统互连参考模型
    B. OSI参考模型采用了分层的技术，它将整个通信子系统划分为若干层，每层执行一种明确定义的功能，并由较低层执行附加的功能，为较高层服务
    C. OSI参考模型中某一层的功能或协议需要扩充、修改以至重新设计时，不能影响整个模型主体结构的变化，只限于某个局部内改动
    D. OSI参考模型的通信过程为将通信数据交给下一层处理，下一层给数据加上若干控制位后再交给它的下一层处理，最终由数据链路层传递到对方系统数据链路层，再逐层向上传递，从而实现对等层之间的逻辑通信

11. 在 A、B、C 三个 Class 当中各保留一段IP 作为私有 IP 网段，下面哪一段IP 网段不是私有IP？（　　）

    A．10.0.0.0 ～ 10.255.255.255　　　　　B．172.16.0.0 ～ 172.31.255.255

    C．192.168.0.0 ～ 192.168.255.255　　　D．192.168.0.0 ～ 192.168.0.255

12. 下列关于IP地址的说法正确的是？（　　）

    A．每个IP地址都包括网络ID和主机ID

    B．B类网络所允许连接的计算机是最多的

    C．C类网络所允许连接的计算机是最多的

    D．A类地址适用于校园网等小型网络

二、填空题

1．第一代计算机网络是以单个计算机为中心的_____，典型应用是由一台计算机和全美范围内2000多个终端组成的_____。

2．_____是现代计算机网络的技术基础。1969年12月，美国的第一个分组交换网_____投入运行。

3．进入20世纪90年代后，计算机网络的发展更加迅速，它逐步向_____的方向演变。这也就是人们常说的新一代或第四代计算机网络。新一代计算机网络的技术上最主要的特点就是_____。

4．计算机网络的功能主要表现在两个方面：一是_____；二是_____。

5．计算机网络系统由网络硬件和网络软件两部分组成。在网络系统中，硬件对网络的性能起着决定的作用的是_____；而网络软件则是_____。

6．用于计算机网络分类的标准很多，如_____，_____等。但是这些标准只能反映网络某方面的特征，最能反映网络技术本质特征的分类标准是分布距离，网络按分布距离分为_____、_____和_____。

7．国际标准化组织（ISO）制定的网络参考模型称为_____，该参考模型采用了分层的方法，该模型共分为七层，即_____、_____、_____、_____、_____、_____和_____。

8．_____是OSI参考模型的底层，也是OSI分层结构体系中最重要和最基础的一层。该层建立在_____基础之上，实现设备之间的_____。

9．TCP/IP体系结构参考模型的传输层提供两个主要的协议：_____和_____。

10．局域网如按网络中计算机的地位和连接方式的不同，可分为_____、_____和_____三种结构类型。

三、简答题

1．计算机网络主要有哪些功能？

2．计算机网络的发展分为哪些阶段？

3．混合型结构的局域网有哪些优缺点？

4．OSI参考模型主要遵循哪些原则？

5．NetBEUI协议有哪些特点？

6．IPX/SPX协议有哪些特点？

7．IP地址是如何表示的？IP地址分为几大类？

8．子网掩码的作用是什么？

9．IPv4和IPv6有哪些区别？

10．计算机网络能提供哪些基本服务？

模块 02 Internet基础

你知道吗?

经过多年的发展，Internet已经在社会的各个层面为全人类提供便利。电子邮件、即时消息、视频会议、网络日志 blog、网上购物等已经成为越来越多人的一种生活方式。Internet的世界丰富多彩，然而要想享受 Internet 提供的服务，就必须将计算机或整个局域网接入 Internet。接入 Internet 有多种方式，用户可以根据实际情况进行选择。如果有多台计算机，用户可以组建一个局域网然后接入Internet，这样多台计算机可以共享账号上网。共享 Internet 的方式也有多种，用户可以根据自己网络的规模以及所需的服务选择具体的共享方式。

学习目标

- ➤ 认识Internet
- ➤ WWW与网址
- ➤ 理解域名
- ➤ 连接Internet
- ➤ 共享Internet

项目任务2-1 认识Internet

探索时间

想一想在日常上网的过程中遇到或使用过Internet提供的哪些服务？

≫ 动手做1 了解Internet

在英语中"Inter"的含义是"交互的"，"net"是指"网络"。简单地讲，Internet是一个计算机交互网络，又称网间网。它是一个全球性的巨大的计算机网络体系，它把全球数万个计算机网络，数千万台主机连接起来，包含了难以计数的信息资源，向全世界提供信息服务，但这并不是对 Internet的一种定义，仅仅是对它的一种解释。

从网络通信的角度来看，Internet是一个以TCP/IP网络协议连接各个国家、各个地区、各个机构的计算机网络的数据通信网。从信息资源的角度来看，Internet是一个集各个部门，各个领域的各种信息资源为一体，供网上用户共享的信息资源网。今天的 Internet已经远远超过了一个网络的涵义，它是一个信息社会的缩影。虽然至今还没有一个准确的定义来概括 Internet，但是这个定义应从通信协议、物理连接、资源共享、相互联系和相互通信等角度来综合加以考虑。一般认为，Internet的定义至少包含以下三个方面的内容。

（1）Internet是一个基于TCP/IP协议簇的国际互联网络。

（2）Internet是一个网络用户的团体，用户使用网络资源，同时也为该网络的发展壮大贡献力量。

（3）Internet是所有可被访问和利用的信息资源的集合。

⋙ 动手做2 了解Internet的发展

Internet最初是由美国国防部为军事目的而建立的，后来许多大学、政府和个人为它的发展作出了贡献，并逐渐转为民用。下面来回顾一下Internet发展的历史。

（1）1969年美国出于战略考虑建立了一个分散型的军事指挥中心，由美国国防部高级研究计划局组建ARPAnet网络。当初这个计算机网络仅仅连接军事机构的四台主机，便于科学家进行通信。

（2）截止到1971年，ARPANET网有二十几个节点，包括麻省理工学院（MIT）、哈佛大学等大学。

（3）1973年英国和挪威的计算机加入了ARPANET。

（4）1974年Internet上最重要的协议TCP/IP产生，并于1978年得到采用。

（5）1982年美国25个城市启动商业电子邮件。

（6）1985年美国国家科学基金学会（NSF）把全美的五个超级计算机中心连成广域网NSFnet，并采用了TCP/IP，此后很多大学和研究机构都把它们的计算机局域网并入NSFnet。

（7）1991年万维网（WWW）首次在Internet上使用。

（8）1994年Netscape公司发布了Netscape Navigator浏览器，1995年Microsoft推出了与之对抗的Internet Explorer浏览器。

（9）1995年NSFnet的经营权移交给私营公司，Internet从此走向商业化。

由于Internet在美国获得巨大成功，吸引了世界各国纷纷加入Internet，特别是发展中国家把Internet看作提高本国教育、科研水平的捷径，从而使Internet成为全球的网际网。

⋙ 动手做3 掌握Internet的组成

Internet是全球最大的、开放的、由众多网络和计算机互连而成的计算机互联网。它连接各种各样的计算机系统和网络，无论是微型计算机还是专业的网络服务器，局域网还是广域网。不管在世界的什么位置，只要共同遵循TCP/IP，即可接入Internet。概括来讲，整个Internet主要由Internet服务器、通信子网和Internet用户3个部分组成，其结构如图2-1所示。

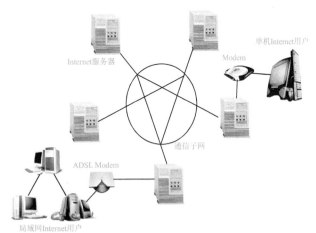

图2-1　Internet组成示意图

1．Internet服务器

Internet服务器是指连接在Internet上提供给网络用户使用的计算机，用来运行用户端所需的应用程序，为用户提供丰富的资源和各种服务。Internet服务器一般要求全天24小时运行，否则Internet用户可能无法访问该服务器上的资源。

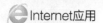

一般来说，一台计算机如果要成为Internet服务器，需要向有关管理部门提交申请。获得批准后，该计算机将拥有唯一的IP地址和域名，从而为成为Internet服务器做好准备。有一点需注意，申请成为Internet服务器及Internet服务器的运行期间都需要向管理部门支付一定的费用。

2．通信子网

通信子网是指用来把Internet服务器连接在一起，供服务器之间相互传输各种信息和数据的通信设施。它由转接部件和通信线路两部分组成，转接部件负责处理及传输信息和数据，而通信线路是信息和数据传输的"高速公路"，多由光缆、电缆、电力线、通信卫星及无线电波等组成。

3．Internet用户

只要通过一定的设备（例如电话线和ADSL Modem等）接入Internet，即可访问Internet服务器上的资源，并享受Internet提供的各种服务，从而成为Internet用户。Internet用户可以是单独的计算机，也可以是一个局域网。将局域网接入Internet后，通过共享Internet，可以使网络内的所有用户都成为Internet用户

动手做4　熟悉中国Internet发展史

Internet在中国的起步较晚，但是发展迅猛，目前中国网民人数最多，联网区域最广。百度、腾讯等中文网络影响全球。

1994年4月，NCFC率先与美国NSFNET直接互联，实现了中国与Internet全功能网络连接，标志着我国最早的国际互联网络的诞生。中国科技网成为中国最早的国际互联网络。

1994年，中国第一个全国性TCP/IP互联网——CERNET示范网工程建成，并于同年建成。

1994年，中国教育与科研计算机网、中国科学技术网、中国金桥信息网、中国公用计算机互联网先后建成。

1994年，中国终于获准加入互联网并在同年5月完成全部中国联网工作。

1995年，张树新创立首家互联网服务供应商——瀛海威，老百姓进入互联网。

1998年，CERNET研究者在中国首次搭建IPv6试验床。

2000年，中国三大门户网站搜狐、新浪、网易在美国纳斯达克挂牌上市。

2001年，下一代互联网地区试验网在北京建成验收。

2002年，第二季度，搜狐率先宣布盈利，宣布互联网的春天已经来临。

2003年，下一代互联网示范工程CNGI项目开始实施。

截至2011年12月底，中国网民规模突破5亿，达到5.13亿。其中中国手机网民规模达到3.56亿，家庭计算机上网宽带网民规模为3.92亿，农村网民规模为1.36亿，网民中30～39岁人群占比明显提升。

截至2011年12月底，中国域名总数为775万个，其中.cn域名总数为353万个，中国网站总数为230万个。

动手做5　掌握Internet提供的服务

Internet的飞速发展和广泛应用得益于其提供的大量服务，这些服务为人们的信息交流带来了极大的便利，目前Internet提供的服务很多，下面我们介绍经常遇到的几种。

1．电子邮件（E-mail）服务

电子邮件（E-mail）服务是Internet所有信息服务中用户最多和接触面最广泛的一类服务，它是网络用户之间进行快速、简便、可靠且低成本联络的现代通信手段。使用电子邮件的前提是拥有自己的电子信箱，即E-mail地址，实际上是在邮件服务器上建立一个用于存储邮件

的磁盘空间。当用户需要发电子邮件时，先要和"邮局"计算机建立连接，然后将写好的信件放到自己的电子信箱，"邮局"计算机自动根据邮件中的记录找到收信人地址，并通过网络一站一站地进行传递。当信件到达目的之后，就被存放在收信人的电子信箱内。一旦用户连接到电子邮件服务器，就能发现新来的电子信件，继而查阅自己的电子信邮件。

2. 文件传输（FTP）服务

FTP服务解决了远程传输文件的问题，无论两台计算机相距多远，只要它们都加入Internet并且都支持FTP，则这两台计算机之间就可以进行文件的传送。FTP实质上是一种实时的联机服务，在进行工作时，用户首先要登录到目的服务器上，之后用户可以在服务器目录中寻找所需文件，FTP几乎可以传送任何类型的文件，如文本文件、二进制文件、图像文件、声音文件等。访问FTP服务器有两种方式：一种访问是注册用户登录到服务器系统，另一种访问是用"匿名"（anonymous）进入服务器。进行匿名登录的用户是权限最低的用户，它能够从FTP服务器上复制文件，而不能够删除、重新命名FTP服务器上的文件，也不能将自己的文件传送到这些服务器。另外，对FTP服务器中的一些目录，匿名用户也没有进入访问的权限。

3. 远程登录（Telnet）服务

远程登录是Internet提供的最基本的信息服务之一，Internet用户的远程登录是在网络通信Telnet的支持下使自己的计算机暂时成为远程计算机仿真终端的过程。用户使用这种服务时，首先要在远程服务器上登录，输入用户账号和密码，使自己成为该服务器的合法用户，一旦登录成功，就可以实时使用该远程服务器对外开放的各种资源。国外有许多大学图书馆都通过Telnet对外提供联机检索服务。目前国内Telnet最广泛的应用就是BBS（电子公告牌）。

4. 文档查询服务

在Internet中寻找文件常常犹如"大海捞针"。加拿大麦吉尔大学计算机学院开发出了一种专门针对Internet网上的免费查询工具Archie，它能够帮助用户从Internet分布在世界各地计算机上浩如烟海的文件中找到所需文件，或者至少对你提供这种文件的信息。Archie定期地查询Internet上的FTP服务器，将其中的文档索引创建到一个单一的、可搜索的数据库中，用户只要给出希望查找的文件类型及文件名，Archie服务器就会指出哪些FTP服务器上存放着这样的文件，使得用户在需要下载某种免费软件时可以快速查找到其所处的站点。

5. 菜单查询服务

Gopher是菜单式的信息查询系统，提供面向文本的信息查询服务。有的Gopher也具有图形接口，在屏幕上显示图标与图像。Gopher采用菜单式的用户界面，用户只要在菜单上选择自己所需要的项目，Gopher就会自动帮着寻找，就像在饭馆中，点好菜服务员就会把菜送到餐桌上一样。Gopher可以访问FTP服务器，查询校园网络中的用户电子信箱地址，检索学校图书馆中的各种图书目录以及进行各种基于远程登录的信息查询服务。

6. WWW服务

WWW（World Wide Web，环球信息网）是一个基于超文本方式的信息查询方式。当用户浏览一篇WWW页时，可以从当前浏览页随意跳转到其他的浏览页。它提供了一种信息浏览的非线性方式，用户不需要遵循一定的层次顺序，就可以在WWW的海洋中随意"冲浪"。WWW把Internet上现有资源统统连接起来，使用户能在Internet上已经建立了WWW服务器的所有站点提供超文本媒体资源文档。它制定了一套标准的、容易被人们掌握的超文本制作语言（HTML）、世界范围内信息资源的统一定格式（URL）和超文本传送通信协议（HTTP）。WWW不仅提供了图形界面的快速信息查找，还可以通过同样的图形界面（GUI）与Internet的其他服务器对接。

WWW系统也采用客户机/服务器结构，在服务器端，定义了一种组织多媒体文件的标准——超文本标识语言（HTML），在每一个超文本文件中通常都有一些超级链接，把该文

件与别的超文本文件链接起来构成一个整体。在客户端，WWW系统通过Netscape、Internet Explorer等浏览器工具提供了查阅超文本的方便手段。当用户浏览一篇WWW页时，可以从当前浏览页随意跳转到其他的浏览页。

项目任务2-2 WWW与网址

探索时间

在使用浏览器浏览万维网的某个网页时，我们要知道什么才能打开网页？

动手做1 了解什么是WWW

WWW是World Wide Web（环球信息网）的缩写，也简称为Web，中文名字称为"万维网"。它起源于1989年3月，是由欧洲量子物理实验室（the European Laboratory for Particle Physics，CERN）所发展出来的主从结构分布式超媒体系统。通过万维网，人们可以简单、迅速地取得丰富的信息资料。

由于用户在通过Web浏览器访问信息资源的过程中，无需再关心一些技术性的细节，而且界面非常友好，因而Web在Internet上一推出就受到了人们的欢迎。WWW解决了远程信息服务中的文字显示、数据连接以及图像传递的问题，使得WWW成为Internet上最为流行的信息传播方式。现在，Web服务器成为Internet上最大的计算机群，Web文档之多、链接的网络之广，令人难以想象。可以说，Web为Internet的普及迈出了开创性的一步。

动手做2 熟悉WWW的工作原理

WWW 中的信息资源主要由一篇篇的Web文档构成。这些 Web 页采用超级文本（Hyper Text）的格式含有指向其他Web页或其本身内部特定位置的超级链接，或简称链接。可以将链接理解为指向其他Web页的"指针"。链接使得Web页交织为网状。这样，如果Internet上的Web页和链接非常多的话，就构成了一个巨大的信息网。

当用户从WWW服务器上读取到一个文件后，用户需要在自己的屏幕上将它正确无误地显示出来。由于将文件放入WWW服务器的人并不知道将来阅读这个文件的人到底会使用哪一种类型的计算机或终端，要保证每个人在屏幕上都能读到正确显示的文件，必须以某种各类型的计算机或终端都能"看懂"的方式来描述文件，于是就产生了——HTML，超文本语言。

HTML（Hype Text Markup Language）的正式名称是超文本标记语言。HTML对Web页的内容、格式及Web页中的超级链接进行描述，而Web浏览器的作用就在于读取Web网点上的HTML文档，再根据此类文档中的描述组织并显示相应的Web页面。

从上面的介绍中可以看出WWW也是客户/服务器（Client/Server，C/S）工作模式，此时客户端程序是标准的浏览器程序。所以，WWW的工作原理有三要素：WWW服务器、WWW浏览器和两者之间的协议规范。简单地说，WWW服务器的功能是生成并传递文档；WWW浏览器的功能是接收文档，并在客户机上对文档进行解释表达。

由此，还可引入一个新的模式概念——浏览器/服务器（Browser/Server，B/S）模式。和传统的C/S比较而言，B/S是一种平面型多层次的网状结构，其最大的特点是与软硬件平台的无关性。浏览器、WWW服务器、HTML、数据库资源等都可以做到和软硬件无关。而传统的C/S计算模式却不然，不同的操作系统与网络操作系统环境对应着不同的编程语言和开发工具。在C/S模式下，需要将数据库资源的访问形成一个统一的连接平台，因此客户机除负责图形显示和事件输入外，还负责应用逻辑和业务处理规则。由于客户机上配置了大量的应用逻辑和业务处理规则软件，软件的变动与版本的升级以及硬件平台的适应能力牵动着系统中所有有关的客户机。这造成了系统使用资金开销和管理维护上难度的增加。而在B/S模式下，应用逻辑和业务处理规则放置在服务器的一侧，这样的结构下，客户机可以做得尽可能地简单，其功能可能只是一个多媒体浏览器。

动手做3　认识网址

网址也就是URL，URL是统一资源定位符的缩写，它是定位WWW上信息的一种方式。这种方式使得信息的定位变得非常容易，不论用户身在哪里，只要使用相同的URL就可以访问到相同的信息。它所描述的信息包括多媒体（http://）、FTP和Gopher（ftp://和gopher://）、新闻组（news://）等在内的多种资源。它的格式如下：

<协议>://<主机地址>/<路径>/

下面是URL的一个例子。

http://www.sina.com.cn/download/。

简单地说，WWW 中的信息资源中的Web页可能存放在世界某个角落的某一台计算机中，这些Web页必须经由网址（URL）来识别与存取，当用户在浏览器输入网址后，经过一段复杂而又快速的程序，Web页文件会被传送到用户的计算机，然后再通过浏览器解释Web页的内容，最后展示到用户的眼前。

动手做4　认识超级链接

Web上的页是互相连接的，单击被称为超级链接的文本或图形就可以连接到其他页。超级链接是带下画线或边框，并内嵌了Web地址的文字和图形，通过单击超级链接，可以跳转到特定Web节点上的某一页。

动手做5　认识Web节点

这是万维网中的一个概念，用户可以把WWW视为Internet上的一个大型图书馆，Web节点就像图书馆中的一本书，而Web页则是书中的某一页。多个Web页合在一起便组成了一个Web节点。主页是某个Web节点的起始页，就像一本书的封面或者目录。

巩固练习

1．Web页上的超级链接的作用是什么？
2．什么是Web节点？

项目任务2-3　理解域名

探索时间

我们在访问网页时会遇到类似http://www.baidu.com这样的网址，你知道网址中.com的含义么？

动手做1　了解域名

计算机在网络上寻找主机时，是利用IP来寻址，而以TCP/UDP/ICMP等协议来进行传送的，并且传送的过程中还会检验数据包的信息。总归一句话，网络是靠TCP/IP来进行连接的，所以必须知道IP，之后计算机才能够接入网络并传送数据。但人类对于IP这一类的数字并不具有敏感性，用户如何能够记住这些没有什么关联的数字呢？不用担心，有一种给计算机确定地址的便利方式，这就是域名（Domain Name），比如说华信教育资源网的IP地址是218.249.32.132，而它的域名是www.hxedu.com.cn，是不是更容易记一些呢？

∷ 动手做2　熟悉DNS域名系统的原理

域名地址和用数字表示的IP地址实际上是同一个东西，只是外表上不同而已，在访问一个站点时，用户可以输入这个站点用数字表示的IP地址，也可以输入它的域名地址。这里就存在一个域名地址和对应的IP地址相转换的问题，这些信息实际上是存放在ISP中称为域名服务器（DNS）的计算机上，当用户输入一个域名地址时，域名服务器就会搜索其对应的IP地址，然后访问到该地址所表示的站点。

域名在国际互联网上是国际通行的，全世界都可以用某个域名访问某一网站，同时域名也是唯一的。域名的形式是以若干个英文字母和数字组成的，由"."分隔成几部分，如sohu.com就是一个域名。

域名系统分不同的层来负责各子系统的名字，系统中每一层叫做一个域。域层数通常不多于5个，从左到右域级变高，高一级域包含低一级域。一般情况下，域名的最后一个或两个域为分类标志。例如在域名game.abc.com.cn中，game是abc的一个主机或子域名，com和cn则是两个分类标志，分别代表商业机构和中国。

∷ 动手做3　掌握国际顶级域名

Internet上的域名可谓千姿百态，但从域名的结构来划分，总体上可把域名分成两类，一类称为"国际顶级域名"（简称"国际域名"）；一类称为"国内域名"。

一般国际域名的最后一个后缀是一些诸如.com、.net、.gov、.edu的"国际通用域"，这些不同的后缀分别代表了不同的机构性质。比如.com表示的是商业机构、.net表示的是网络服务机构等。表2-1列出了不同性质机构的通用域名。

表2-1　不同性质机构的通用域名

域名	机构名称
gov	政府机构
edu	教育机构
ini	国际组织
com	商业机构
net	网络管理组织
org	社会组织
mil	军事部门

∷ 动手做4　掌握国内域名

国内域名的后缀通常要包括"国际通用域"和"国家域"两部分，而且要以"国家域"作为最后一个后缀。以ISO31660为规范，各个国家都有自己固定的国家域，如：cn代表中国、ge代表德国、uk代表英国、jp代表日本等。表2-2列出了不同地区或国家的域名。

例如 www.hxedu.com.cn就是一个中国国内域名。

www.baidu.com就是一个国际顶级域名。

表2-2　不同地区或国家的域名

域名	地区或国家	缩　写	地区或国家	缩　写	地区或国家
au	澳大利亚	be	比利时	cn	中国大陆
de	德国	es	西班牙	hk	中国香港
ie	爱尔兰	it	意大利	mo	中国澳门
nl	荷兰	ru	俄罗斯联邦	tw	中国台湾
uk	英国	ch	瑞士	fl	芬兰
ca	加拿大	sg	新加坡	in	印度
fr	法国	il	以色列	jp	日本

巩固练习

1．域名地址和IP地址有什么关系？
2．说一说你所知道的国际顶级域名和国家域名。

项目任务2-4　接入Internet

探索时间

小王家里新买了一台计算机，他想使用ADSL宽带接入Internet，他应该进行如何操作才能接入Internet？

动手做1　获取上网账号

Internet世界丰富多彩，然而要想享受Internet提供的服务，则必须将计算机或整个局域网接入Internet。

接入Internet之前首先要做的工作是找一个比较理想的ISP，办理上网手续，申请一个属于自己的Internet账号。ISP是Internet Service Provider的缩写，译成中文就是"互联网服务提供商"。简单地说，ISP就是向用户提供连接到Internet服务的机构。

个人或企业是不能直接连入Internet的，不管以哪种方式接入Internet，首先都要连到ISP的主机。从用户角度看，ISP位于Internet的边缘，用户通过某种通信线路连接到ISP，再通过ISP的连接通道接入Internet。ISP的作用主要有以下两个。

（1）为用户提供Internet接入服务，就是提供线路、设备等，将用户的计算机连入Internet。

（2）为用户提供各种类型的信息服务。例如提供电子邮件服务、替客户发布信息等。

当用户选定一家ISP之后，就可以向其提出上网的申请，得到一个上网账号后用户才能够上网。申请上网账号时，用户必须带上自己的有效证件，如身份证。ISP确认后会给一张表格让用户填写，用户一般必须填写这几项信息：姓名、单位、联系方法等。

上网账号：即用户的标志，一般由几个字母组成，它是由用户自己设置的，用户所选择的账号不能与别人的账号重复。

上网账号的密码：这个密码也是由用户自己确定的，它可以是字符和数字的组合，如zhao2005。在拨号时，用户必须同时输入上网的账号和密码，ISP确认无误后，用户的计算机才能连上Internet。要注意密码的安全性，如果其他人知道用户的账号和密码，那么就可以使用该账号来上网。

动手做2　了解Internet接入方式

如果用户想使用Internet所提供的服务，首先必须将自己的计算机接入Internet，然后才能访问Internet中提供的各类服务与信息资源。

1．通过电话网接入

所谓"通过电话网接入Internet"，是指用户计算机使用Modem通过电话网与ISP相连接，再通过ISP接入Internet。用户的计算机与ISP的远程接入服务器（RAS）均通过Modem与电话网相连。用户在访问Internet时，通过拨号方式与ISP的RAS建立连接，通过ISP的路由器访问Internet。

电话网是为传输模拟信号而设计的，计算机中的数字信号无法直接在普通的电话线上传输，因此需要使用Modem。在发送端，Modem将计算机中的数字信号转换成能在电话线上传输的模拟信号；在接收端，它将接到的模拟信号转换成能在计算机中识别的数字信号。实际上，Modem是一个数字/模拟信号转换的设备。

ISP能提供的电话中继线数目，将关系到与ISP建立连接的成功率。每条电话中继线在每个时刻只能支持一个用户接入，ISP提供的电话中继线越少，用户与ISP的RAS建立连接的成功率越低。在用户端，既可以将一台计算机直接通过调制解调器与电话网相连，也可以利用代理服务器将一个局域网间接通过调制解调器与电话网相连。

通过电话网接入Internet主要有普通拨号上网和ADSL宽带接入两种方式。

普通拨号上网是20世纪90年代中国刚有互联网的时候，家庭用户接入Internet的主要方式，拨号上网上网速度慢，连接不稳定，容易出现掉线现象。

目前家庭用户大多使用ADSL宽带接入Internet。ADSL是Asymmetric Digital Subscriber Line（非对称性数字用户线路）的缩写。ADSL仍以普通的电话线为传输介质，但它采用先进的数字信号处理技术与创新的数据演算方法，在一条电话线上使用更高频率的范围来传输数据。并将下载、上传和语音数据传输的频道分开，形成一条电话线上可以同时传输3个不同频道的数据。这样，便突破了传统Modem的56 Kbit/s最大传输速率的限制。

ADSL能够实现数字信号与模拟信号同时在电话线上传输的关键在于上行和下行的带宽是不对称的。从网络服务器到用户端（下行频道）传输的带宽比较高，用户端到网络服务器（上行通道）的传输带宽则比较低。这样设计，一方面是为了与现有电话网络频段兼容，另一方面也符合一般使用Internet的习惯。

除了计算机外，使用ADSL接入Internet需要的设备有一台ADSL分离器、一台ADSL Modem，一条电话线，连接起来的结构如图2-2所示。

图2-2　ADSL宽带接入Internet示意图

2．专线接入

如果需要24小时在线，使用专线接入Internet是一个不错的选择。所谓专线接入Internet是指从提供网络服务的服务器（一般在邮局）与用户的计算机之间通过路由器建立一条网络专线，24小时享受Internet服务。图2-3所示为专线接入Internet示意图。

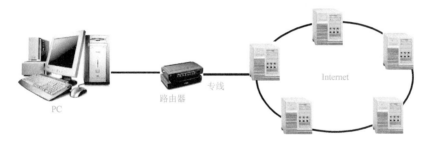

图2-3　专线接入Internet示意图

申请专线接入Internet时，通常选择包月或包年的计费方式。即不管上了多长时间的网，付出的上网费是固定的。因此，这种接入方式的用户群多属于企业或单位用户，对于普通的家庭用户，如果不需要长时间上网，使用专线是一种浪费。

3．通过局域网接入Internet

使用局域网连接时，只需要在用户的计算机上配制网卡，就可以将计算机连接到与Internet直接相连的局域网上。

在局域网中提供了统一的入网方式。一般来讲，只需要按照要求配置IP地址、子网掩码、网关和DNS服务器就可连上网络，有些收费的网络需要输入用户名和密码。

4．无线上网

为满足网民随时随地使用笔记本计算机或者掌上计算机，移动、联通两大运营商都推出了无线上网业务，随时随地上网不再是梦。

目前无线上网的实现方式有很多种，而且这些方式各有不同的特点，用户可以根据自己的实际需要和条件进行选择，当前包括中国移动和中国联通两大移动运营商均推出了相应的无线上网服务，通过一张小小的网卡，无论身处何方，你都可以通过网络和世界连在一起。

（1）手机+计算机

这种方式接入互联网，是利用手机内置的Modem（调制解调器），通过数据传输线、红外线等方式将手机同笔记本计算机连接起来。

用户只要购买了支持无线上网功能的手机（带有USB或红外线接口），通过配套的数据线与计算机连接，就可以使用。这种方式既可以适用于笔记本计算机，也可以使用于台式计算机，同时手机打电话时也不需要将手机卡重复插入和取出。除了使用手机和数据线外，使用手机的红外线接入也可以上网。

（2）无线上网卡+计算机

这种方式，需要购买额外的一种卡式设备（PC卡），将其直接插在笔记本或者台式计算机的PCMCIA槽或USB接口，实现无线上网。

当前，无线上网卡多种类型，一是机卡一体，上网卡的号码已经固化在PC卡上，直接插入笔记本计算机的PCMCIA插槽内，就可以使用；第二是机卡分离，记录上网卡号码的"手机卡"可以和卡体分离，把两者插在一起，再插入PCMCIA插槽内就可以上网；第三是USB无线猫（Modem），即通过USB连接插入台式计算机或笔记本计算机的USB接口内上网，而手机卡也可以插入到无线猫中。

（3）无线局域网（WLAN）

无线局域网（WLAN）是另一种方便的上网方式，目前中国电信、中国移动和中国网通等运营商均在机场、酒店、会议中心和展览馆等商旅人士经常出入的场所铺设了无线局域网，用户只需使用内置了WLAN网卡的计算机或者PDA，在WLAN覆盖的地方（俗称"热点"），就可以上网。

如果没有WLAN覆盖，自己可以购买无线路由器或AP铺设自己的无线局域网上网，也是目前家庭、学校、公司较为常见的无线上网方式。

≫ 动手做3　使用ADSL接入Internet

ADSL是DSL大家庭中的一员，其技术比较成熟，具有相关标准，发展较快。目前ADSL宽带接入Internet是家庭用户上网使用最多的接入方法。

1. 硬件设备

使用ADSL接入Internet无需改动电话线，只需增加ADSL分离器、ADSL Modem等硬件设备，以及在计算机上加装一块PCI网卡即可。

（1）ADSL分离器：用于将电话线路中的高频数字信号和低频语音信号进行分离，又称滤波器。从外观上看，像一个稍大的电话接线盒，共有3个电话线接口。Line接口用于接输入电话线，Modem接口用于接ADSL Modem，Phone接口用于接固定电话机。

（2）ADSL Modem：安装ADSL时，ADSL Modem前面接ADSL分离器的Modem接口。计算机通过网卡连接ADSL Modem，所以计算机和ADSL Modem之间通常用双绞线连接。由于兼容性问题，使用的ADSL Modem一般是电信局指定的品牌，不可随意到市场购买。

ADSL Modem共有3种类型：内置式、USB接口外置式和RJ-45接口外置式。内置式ADSL Modem通常是一块PCI接口扩展卡，插在主板上相应的扩展槽中，会占用系统资源；USB接口外置式ADSL Modem虽然安装方便，但不方便共享宽带上网；RJ-45接口外置式ADSL Modem配合集线器，可以在局域网中共享宽带上网。它是首选的ADSL Modem类型，下面主要介绍此种ADSL Modem。

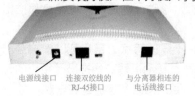

电源线接口　连接双绞线的　与分离器相连的
　　　　　　RJ-45接口　　电话线接口

图2-4　ADSL Modem

从外观上看，ADSL Modem形状与常见的外置Modem差不多，前面板上有多个指示灯。其后面的接口面板与普通Modem有很大区别，如图2-4所示。

提示

选购ADSL Modem时应注意检查配件是否齐全。主要包括变压器、一段制作好的5类或超5类双绞线、虚拟拨号软件光盘等。内置式ADSL Modem还需要驱动程序。

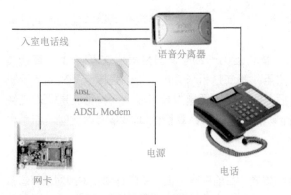

入室电话线

语音分离器

ADSL Modem

电源

网卡

电话

图2-5　ADSL硬件连接示意图

2. ADSL硬件连接

ADSL硬件连接的示意图如图2-5所示，连接的大体步骤如下：

Step 01 首先应检查硬件是否齐全。硬件包括ADSL分离器、ADSL Modem、变压器、PCI网卡、两端做好RJ-11水晶头的电话线和两端做好RJ-45水晶头的双绞线（这两条线一般装在ADSL Modem包装盒中）。

Step 02 在计算机上加装PCI网卡。打开服务器机箱，在主板上加装一块PCI网卡，此网卡专门用来连接ADSL Modem。

Step03　安装ADSL分离器。ADSL分离器一般放置在电话线入口处，使用普通电话线连接分离器上的Line接口，然后将电话机连接到分离器上的Phone接口，剩下的一个接口用于接ADSL Modem。

Step04　安装ADSL Modem。利用ADSL Modem附送的电话线将ADSL Modem与分离器上的Modem接口相连，将双绞线任意一端的水晶头插入ADSL Modem的RJ-45接口，然后接好变压器电源线。

Step05　连接网卡。将插在ADSL Modem上的双绞线的另外一端水晶头插在计算机网卡的RJ-45接口上，完成硬件安装工作。

　　启动计算机并打开ADSL Modem的电源，安装网卡的驱动程序。如果两边连接网线的插孔所对应的LED（发光二极管）亮，表明硬件连接成功。

　　3．建立拨号连接

　　目前，国内的ADSL接入类型主要有专线方式（固定IP）和虚拟拨号方式两种，其中专线接入方式的用户拥有固定的静态IP地址，而且24小时在线，但其价格却难以令普通用户接收。虚拟拨号方式则和普通拨号一样，有账号验证、IP地址分配等过程。但ADSL连接的并不是具体的ISP接入号码，而是ADSL虚拟专用网接入的服务器。根据网卡类型的不同又分为ATM和以太网虚拟拨号方式，由于以太网虚拟拨号方式具有安装维护简单等特点，因此成为目前ADSL虚拟拨号的主流。这种方式有自己的一套网络协议来实现账号验证、IP分配等工作，即PPPoE协议。

　　建立拨号连接的基本步骤如下。

Step01　在桌面的网上邻居图标上单击鼠标右键，选择"属性"命令，打开网络连接窗口，然后单击窗格左上角网络任务里的创建一个新的连接打开"新建连接向导"窗口。如图2-6所示。

Step02　单击"下一步"按钮，进入网络连接类型窗口，如图2-7所示。在这里选择"连接到Internet"。

图2-6　新建连接向导

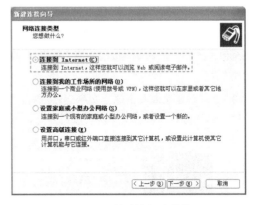

图2-7　网络连接类型对话框

Step03　单击"下一步"按钮，进入设置Interne连接对话框，如图2-8所示。在这里选择"手动设置我的连接"。

Step04　单击"下一步"按钮，进入怎样连接到Interne连接对话框，如图2-9所示。在这里选择要求"用户名和密码的宽带连接来连接"。

Step05　单击"下一步"按钮，进入输入ISP名称对话框，如图2-10所示。这里你可以不填，将会显示宽带连接字样，也可以填您个性的名字。

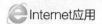

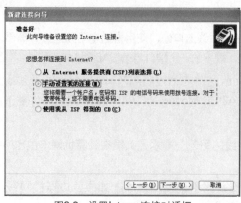

图2-8　设置Interne连接对话框

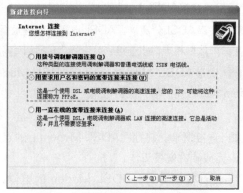

图2-9　怎样连接到Interne连接对话框

Step06 单击"下一步"按钮，进入Interne账户信息对话框，如图2-11所示。在这里用户名、密码、确认密码可以填写也可以不填写。

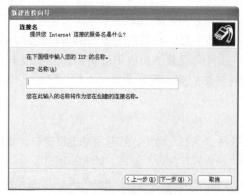

图2-10　输入ISP名称对话框

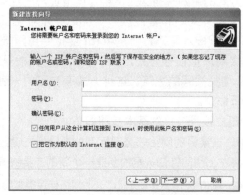

图2-11　Interne账户信息对话框

Step07 单击"下一步"按钮进入完成向导对话框，如图2-12所示。在完成向导对话框中选中"在我的桌面上添加一个到此连接的快捷方式"复选框，则将在桌面建立一个宽带连接的快捷方式，单击"完成"按钮。

Step08 上网时在桌面双击建立宽带连接图标，则打开"连接 宽带连接"对话框，如图2-13所示。输入用户名和密码，单击"连接"按钮即可。

图2-12　正在完成新建连接向导对话框

图2-13　宽带连接对话框

提示

现在有一部分ADSL服务商提供了自己的客户端，用户直接可以安装客户端建立拨号连接。

动手做4　利用无线上网卡实现无线上网

目前，能开通无线上网业务的服务商有中国移动、中国电信和中国联通3家。要实现无线上网，首先需要购买无线移动上网卡，然后安装无线网卡的驱动程序和拨号程序，拨号成功后即可实现无线上网。

下面以使用中国电信的网络为例，讲述无线上网的具体操作方法。

1．安装无线网卡

安装无线网卡的基本步骤如下。

Step 01　将无线网卡插入笔记本的USB接口，系统弹出自动运行程序，在弹出的对话框中选择"我同意，我接受以上协议的所有条款"单选按钮和"进行快速安装"复选框，如图2-14所示。

Step 02　单击"下一步"按钮，弹出安装提示对话框，选择"完全安装"单选按钮，如图2-15所示。

图2-14　阅读安装协议

图2-15　选择安装类型

Step 03　单击"下一步"按钮，系统开始自动安装客户端程序，并显示安装的进度，如图2-16所示。

Step 04　无线宽带客户端安装完成后，将显示如图2-17所示的客户端安装完成对话框。

图2-16　客户端程序安装进度

图2-17　无线宽带客户端安装完成

Step 05　单击"下一步"按钮，开始安装无线网卡驱动程序，用户可以看到显示安装驱动程序的进度，如图2-18所示。

Step 06　安装无线宽带客户端及驱动程序，显示如图2-19所示的窗口。选择"是，立即重新启动计算机"单选按钮，然后单击"完成"按钮。

图2-18 无线上网卡驱动程序安装进度

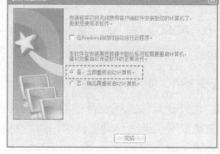

图2-19 驱动程序安装完成

2. 连接无线网络

当用户安装完客户端和无线网卡驱动之后，就可以通过拨号程序实现无线移动上网。

Step01 使用鼠标左键双击桌面上的无线宽带图标，打开拨号软件对话框，如图2-20所示。

Step02 选择"设置"→"账号设置"→"无线宽带（WLAN）账号设置"菜单命令，打开无线宽带（WLAN）账号设置对话框，如图2-21所示。

Step03 在账号文本框中输入申请的账号，在密码文本框中输入申请的密码，单击开户地右侧的下拉按钮，在弹出的下拉菜单中选择开户地，单击"确定"按钮，返回到客户端即可实现上网。

图2-20 拨号软件对话框

图2-21 输入账号和密码

提示

不同营运公司提供的无线上网卡以及拨号软件不同，因此在安装与拨号时界面不尽相同。

巩固练习

1. 接入Internet之前首先要做的工作是什么？
2. 利用无线上网卡上网大体上需要哪些步骤？

项目任务2-5 共享Internet

探索时间

小明的家里有两个笔记本计算机，一个台式机，两个笔记本计算机上都带有无线网卡，而且一台笔记本计算机是小明用的，小明在周末经常抱着笔记本计算机在床上上网。小明采取哪种方式组建网络共享Internet比较合适？

⫶ 动手做1　掌握共享上网的方法

共享上网就是若干台计算机通过一台性能比较好的、与Internet连接的计算机上网，大部分网吧与单位的小型局域网都是这样与Internet连接的，因为无论从以前的Modem、ISDN，到现在的ADSL甚至宽带上网，租用一个IP地址就要出一份租金，如果局域网里的每一台计算机都有一个合法的IP的话，那样的费用太高，太不合算，所以组建一个局域网，然后通过一台主机，也就是服务器上网就成为很好的选择。共享上网的实现，无论通过类似路由器这样的硬件设备上网，还是用Windows自带的Internet连接共享，或者用网关类软件Wingate，代理服务器软件SyGate等上网，它们的原理都是相同的，路由器这样的硬件上网设备只不过是把软件固化在了硬件中，软件完全能实现它的功能。

共享上网从技术实现角度来说分为硬件共享上网和软件共享上网。

1．硬件共享上网

硬件共享上网通常使用路由器，该类设备通常除具有共享上网的功能外，还具有集线器的功能。它们通过内置的硬件芯片来完成互联网和局域网之间数据包的交换管理，实质也就是在芯片中固化了共享上网软件。由于是硬件工作不依赖于操作系统所以稳定性较好，但是可更新性相对软件显得差一些，并且需要另外投资购买，但小型网络中使用的宽带路由器价格也不是很高，一般在百元左右。

2．软件共享上网

软件共享上网就是在办公室局域网中的一台具有互联网连接线路的计算机上安装共享上网软件后，实现整个局域网的共享Internet。软件共享上网的优势在于花费低廉，并且有些共享上网软件甚至是免费的，而且软件更新较快，可以比较快的适应互联网新的接入技术和应用协议，缺点就是需要专门使用一台计算机来作为共享上网服务器，为其他计算机提供上网服务，并且这台计算机的性能不能太低，另外它依赖于操作系统，是一个标准的应用程序，所以稳定性相对硬件方式略差。实现共享上网的软件可分为两类，代理服务器类：如Wingate、WinProxy；网关服务器类：如SyGate、WithGate。代理服务器类的软件功能强大但安装和设置都比较复杂，网关服务器类软件使用起来比较简单，功能也不差。

3．使用Internet共享工具ICS

ICS即Internet连接共享（Internet Connection Sharing）的英文简称，是Windows系统针对家庭网络或小型的Intranet网络提供的一种Internet连接共享服务。它实际上相当于一种网络地址转换器，所谓网络地址转换器就是当数据包向前传递的过程中，可以转换数据包中的IP地址和TCP/UCP端口等地址信息。有了网络地址转换器，家庭网络或小型的办公网络中的计算机就可以使用私有地址，并且通过网络地址转换器将私有地址转换成ISP分配的单一的公用IP地址，从而实现对Internet的连接。

ICS更适用于家庭网络环境，它的功能比较简单，设定也相当容易，不需要太多的专业知识也可以完成设置，这对家庭组网来说是十分必要的。它只能使用单一的公用IP地址，无须注册多个公用IP地址，因而它的费用小，而通常家庭组网对成本是十分敏感的。它本身没有任何安全措施，必须另外增加防火墙之类的安全措施，但只需在ICS主机上加装防火墙，局域网中的其他机器都会得到有效的保护，通常家庭网络环境下对安全的要求并不会太高。ICS对系统平台没有特殊的要求，Windows XP和Windows 7操作系统里都内置了ICS功能，都可以配置成ICS的主机，更适合于当前家庭主流操作平台的联网要求。

动手做2　掌握共享Internet硬件的连接方式

使用Internet连接共享使几台计算机共享Internet，第一个要解决的问题就是组建网络，用户根据计算机数量的不同可以组建不同的网络。

如果只有两台计算机，使用双机互联是最佳方案。首先将两台计算机用网线连接，然后将其中的一台接入Internet，如图2-22所示。

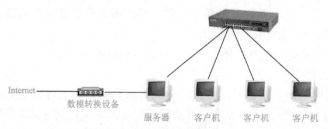

图2-22　双机互连共享Internet

如果有两台以上的计算机用户，可以组建一个简单的对等网，将各台计算机通过网线连到交换机或集线器上。这种对等网在共享Internet时有两种方法，如图2-23和图2-24所示。

图2-23　多机共享Internet方法之一

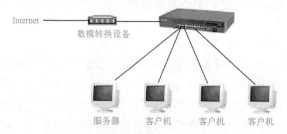

图2-24　多机共享Internet方法之二

图2-23所示的共享方法是将来自数模转换设备的网线直接插在作为服务器的计算机上，服务器再通过交换机来与其他机器相连。这种方式更适合中小型企业的局域网设置，这种方式仍然是以一台主机作为网络服务提供者，可以包含文件服务器、邮件服务器，以及设备共享服务器等，而所有的客户机必须经过这台主机提供的服务才能够连接Internet。这样的架构对于内部的局域网来说是最好管理的，因为来自外部（Internet）与来自内部（局域网内）的数据包都必须经过服务器这台主机，管理员可以轻易地管理数据包的过滤。只要在服务器上面设置好防火墙的规则，就能将内外网络分开，对于内部的计算机就具有比较好的防护功能。

图2-24所示的共享方法是将来自数模转换设备的网线直接插在交换机上，然后让其中的一个计算机作为服务器。这种方式比较适合小型的局域网，即以一部计算机作为局域网内主机，这部主机主要负责控制打印机、扫描仪等内部网段常常使用的设备。这样的连接方式中，服务器与客户机处于同一个网络连接等级，因为服务器机器可以通过自己本身的设置连接到Internet，而客户机也可以利用自己本身的设置来连接上Internet。也就是说，客户机并不一定要通过服务器才能够对外连接。这样的设置是有利有弊的。

（1）以这种共享连接方式时，一旦用户的服务器出问题，那么客户机就可以通过自己的网络设置来对外连接，而不需要通过服务器的协助。

（2）这种共享连接方式的缺点是，管理员也不清楚哪一部客户机会自己设置网络，然后就对外连接。所以局域网内外（指内部私有网络与Internet）并没有明显的分开，对于内部网段的管理来说，这样的构建是不可信的，例如防火墙的作用就会大打折扣。因为来自Internet的数据包不一定会经过防火墙，而是直接进入客户机，管理员也无法控制员工的对外连接。

⋙ 动手做3　使用宽带路由器共享Internet

宽带路由器集成了路由器、防火墙、带宽控制和管理等功能，具备快速转发能力，灵活的网络管理和丰富的网络状态等特点。宽带路由器的工作原理是通过内置的硬件芯片来完成Internet与局域网之间的数据包交换，实质上就是在芯片中固化了共享上网软件，其工作原理和代理服务器相似。目前市场上多数宽带路由器针对中国宽带应用进行了优化设计，可满足不同的网络流量环境，具备满足良好的电网适应性和网络兼容性。多数宽带路由器采用高度集成设计，集成10/100Mbit/s宽带以太网WAN接口并内置多口10/100Mbit/s自适应交换机，方便多台机器连接内部网络与Internet，可以广泛应用于家庭、学校、办公室、网吧、小区接入、政府、企业等场合。

1．宽带路由器的连接

宽带路由器大多具有4个以太网端口，当局域网内的计算机数量少于4台时，就不用购买集线器或交换机了，可将计算机的网卡和宽带路由器的以太网端口用双绞线直连就可以了，如图2-25所示。

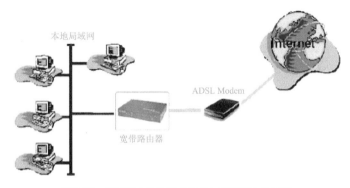

图2-25　局域网内的计算机直接与宽带路由器相连

如果网络内的计算机数量较多，也可以将交换机连接至宽带路由器的以太网端口，从而可以扩展端口数量，如图2-26所示。

要使用宽带路由器，首先当然需要安装连接宽带路由器。先把宽带路由器电源接好，接好后宽带路由器面板上的POWER（电源）灯将长亮，宽带路由器系统开始启动，SYS或SYSTEM（系统）灯将闪烁。然后进行网线的连接，将宽带线（交叉线，宽带线可以是以太网接口的ADSL/Cable MODEM线，也可以是局域网接入的网线）接在宽带路由器的WAN口上，如线缆没问题的话宽带路由器上的WAN口灯将长亮。

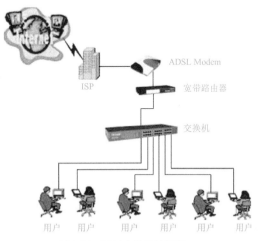

图2-26　通过交换机扩展端口

接下来，用直通线将计算机上的网卡或交换机（如再通过交换机，请确认连接方式是用标准直通线从路由器的LAN口连接到交换机的UPLINK口或普通口，再用标准直通线从交换机的普通端口连接到网卡）和宽带路由器的LAN中任意一接口连接，宽带路由器LAN指示灯中对应的指示灯将长亮。

2．宽带路由器的设置

目前市场上宽带路由器的种类繁多，但是他们的设置方法基本相同，这里以Netcre路由器为例简单介绍一下宽带路由器的设置。

在对宽带路由器进行设置时，首先要通过与宽带路由器连接的计算机进入宽带路由器。使用任何一台与宽带路由器相连的计算机都可以对路由器进行设置，基本方法如下：

Step 01 首先配置要设置宽带路由器连接的计算机，使其IP 地址设置为与宽带路由器的IP地址处于同一网段内（一般宽带路由器说明手册上有产品出厂时的默认IP地址，例如192.168.1.1）。在计算机桌面的网络邻居上单击鼠标右键，在弹出的菜单中选择"属性"，打开网络连接窗口，在连接路由器的本地连接图标上单击鼠标右键，在弹出的快捷菜单中选"属性"，打开"本地连接属性"对话框，在此连接使用下列项目中选中Internet协议（TCP/IP），单击"属性"按钮，打开"Internet协议（TCP/IP）属性"对话框。

Step 02 在"Internet协议（TCP/IP）属性"对话框中将计算机的IP地址设为192.168.1.2，子网掩码为255.255.255.0，默认网关设置为192.168.1.1，如图2-27所示，最后单击"确定"按钮。

Step 03 打开浏览器，在地址栏中输入http://192.168.1.1后按Enter键，出现登录界面，输入宽带路由器的用户名和密码，例如用户名：admin，密码：admin（默认IP地址、初始用户名和密码可以参照说明书）。单击"确定"按钮后出现路由器设置界。

Step 04 在左侧选择"WAN设置"，显示如图2-28所示的界面。在WAN设置区域选择接入Internet网的方式用户可以根据自身情况进行选择。如果用户的上网方式为动态IP，即用户可以自动从网络服务商获取IP地址，请选择"动态IP用户"；如果用户的上网方式为静态IP，即用户拥有网络服务商提供的固定IP地址，请选择"静态IP用户"；如果用户上网的方式为ADSL虚拟拨号方式，请选择"PPPoE用户"。

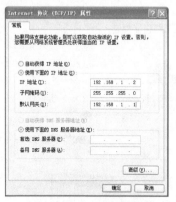

图2-27　设置计算机IP地址

图2-28　WAN设置

Step 05 如果选择ADSL虚拟拨号方式则用户应在PPPoE设置区域输入用户账户和密码，还应选择连入Internet网的方式，即自动连接或者手动连接。如果用户选择"静态IP用户"则用户应在静态IP设置区域输入相应的IP地址以及网关。

Step 06 在左侧选择"LAN设置"，显示如图2-29所示的界面。在IP地址区域显示了当前路由器的IP地址。DHCP服务器提供了为客户端自动分配IP地址的功能，如果使用本路由器的DHCP服务器功能的话，用户可以让DHCP服务器自动配置局域网中各计算机的IP地址。选中"启用DHCP Server"复选框，然后在IP地址池中输入一个起始IP地址和一个终止IP地址以形成分配动态IP地址的范围；设置完毕，单击页面中的"确定"按钮。

图2-29 "LAN设置"界面

Step**07** 对路由器的各项参数进行设置完毕后，在左侧选择"系统信息"，显示如图2-30所示的界面，在该界面中用户可以查看设置的情况，如果设置不正确，用户可以重新设置。如果设置正确，单击"连接"按钮，就可以接入Internet网了。

Step**08** 为其他接入到宽带路由器的各台计算机设置IP地址，其他计算机IP地址的设置与无线路由器中是否启用DHCP服务器有关。如果宽带路由器是自动分配IP地址，就应当把计算机无线网卡设置为自动获取IP地址。如果无线路由器不是自动分配IP地址，应当把计算机无线网卡设置为固定IP地址，IP地址要与路由器的IP地址处于同一网段内。

图2-30 "系统信息"界面

提示

共享上网设置完成后，并且计算机的IP地址设置完成后连接到宽带路由器的各台计算机都应该能够正常上网，用户要注意，现在并不需要在计算机上拨号，不要多此一举，拨不成功的。

动手做4 使用无线路由器共享Internet

随着无线网络质量与网速的提升，目前很多朋友都喜欢使用无线上网，无线上网最大优点是计算机无须连接网线，尤其是在拥有多台计算机的办公室使用无线上网非常方便，局域网如果要连接互联网，其中最主要的是要有一个连接互联网的终端，这个终端就是无线路由器或无线AP。两者最大的区别就是无线路由器不仅有一个WAN口，一般都有四个LAN口，去除了无线的功能它就是有线的四口路由器，而无线AP则是只有一个WAN口，只是个单纯的无线覆盖。

1．无线路由器的连接

通过无线路由器接入的硬件连接如图2-31所示。

各种无线路由器的使用方法基本相似，这里使用Tenda无线路由器组建家庭网，连接的基本步骤如下：

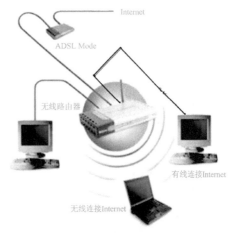

图2-31 无线路由器组网示意图

Step 01 先把无线路由器电源接好，接好后宽带路由器面板上的POWER（电源）灯将长亮，宽带路由器系统开始启动，SYS或SYSTEM（系统）灯将闪烁。

Step 02 进行网线的连接，将宽带线（交叉线，宽带线可以是以太网接口的ADSL/Cable MODEM线，也可以是局域网接入的网线）接在无线路由器的WAN口上，如线缆没问题的话宽带路由器上的WAN口灯将长亮。

Step 03 用网线将计算机上的网卡和宽带路由器的LAN中任意一接口连接，宽带路由器LAN指示灯中对应的指示灯将长亮。

Step 04 在无法使用网线与无线路由器相连的计算机上安装无线网卡。将USB接口的无线网卡插入计算机的USB接口，系统就会提示发现新硬件，弹出驱动安装界面（PCI接口的内置无线网卡也是这样的，装完开机，进入系统后就会提示发现新硬件），无线网卡一般不推荐自动安装。在光驱放入无线网卡带的驱动光盘安装驱动，安装完毕后在计算机系统右下角会显示无线网络的图标。

　　2．设置无线路由器

　　硬件连接好之后就要设置无线路由器了，用户可以在有线连接的计算机上设置，也可以在使用无线网卡的计算机上设置，第一次设置路由最好在有线连接的计算机上进行设置。

Step 01 打开IE浏览器，在地址栏输入192.168.0.1，打开登录页面，如图2-32所示。

提示

不同品牌的无线路由器的初始地址是不一样的，用户应参见产品的说明书来输入初始地址。

Step 02 在密码文本框中输入原始密码，单击"确定"按钮，进入上网方式选择页面，如图2-33所示。

图2-32 "登录"页面

图2-33 选择上网方式

Step 03 如果选择ADSL的上网方式，则应在上网账号和上网口令中输入宽带运营商（例如：电信、联通等）提供的宽带用户名和密码，在密码文本框中输入无线网络的密码。

Step 04 单击"确定"按钮，打开设置成功提示框。

Step 05 单击"高级设置"，打开设置页面，在"高级设置"的系统状态页面显示了当前的无线网络的连接状态，如图2-34所示。

Step 06 选择"高级设置"的"WAN口设置"页面，如图2-35所示。在模式列表中用户可以选择上网的模式。

　　●如果宽带服务商确定使用PPPoE，则用户需要输入上网账号和上网口令。该方式就是选择上网方式页面中选择"ADSL"的拨号方式。

　　●如果宽带服务商提供的是固定IP，则需选择"静态IP"模式，然后输入服务商提供的IP

地址、子网掩码和网关。

● 如果您的宽带服务商正在运行 DHCP 服务器，选择"DHCP"。服务商会自动分配这些值（包括 DNS 服务器）。该方式就是选择上网方式页面中选择自动获取的方式。

图2-34　无线网络的连接状态

图2-35　设置上网模式界面

Step 07　选择"无线设置"中的"无线基本设置"页面，如图2-36所示。要选中"启用无线功能"复选框，如果您不想使用无线，可以取消选择，所有与无线相关的功能将禁止；如果选择"关闭禁止路由器广播SSID"，无线客户端将无法扫描到路由器的SSID。选择"关闭"后，客户端必须知道路由器的SSID才能与路由器进行通信，默认为开启；其他设置使用默认状态即可；设置完毕，单击页面中的"确定"按钮。

图2-36　"无线设置"界面

Step 08　选择"无线设置"中的"无线安全"页面，如图2-37所示。 从安全模式列表中选择相应的安全加密模式，无线路由器一般支持MixedWEP加密、"WPA-个人"、WPA2-个人。一般我们建议选择WPA2-个人能有效防止被蹭网破解密码；WPA加密规则则推荐使用"AES"，选择了加密规则后请输入想使用的加密字符串，有效字符为ASCII码字符，长度为8到63个；设置完毕，单击页面中的"确定"按钮。

图2-37　"无线安全"页面

Step 09　选择"DHCP服务器"中的"DHCP服务器"页面，如图2-38所示。DHCP服务器提供了为客户端自动分配IP地址的功能，如果使用本路由器的DHCP服务器功能的话，用户可以让DHCP服务器自动配置局域网中各计算机的IP地址。选中"启用"复选框，然后在IP地址池中输入一个起始IP地址和一个终止IP地址以形成分配动态IP地址的范围；设置完毕，单击页面中的"确定"按钮。

图2-38　设置DHCP服务器

Step 10　为各台计算机设置IP地址，其他计算机IP地址的设置与无线路由器中是否启用"DHCP服务器"有关。如果宽带路由器是自动分配IP地址，就应当把计算机无线网卡设置为自动获取IP地址。如果无线路由器不是自动分配IP地址，应当把计算机无线网卡设置为固定IP地址，IP地址要与路由器的IP地址处于同一网段内。

3．连接网络

对于使用网线连接的无线路由器中的计算机而言以上设置完成后，就可以连接网络了，但是对于无线连接的计算机来说由于在无线路由器中设置了密码，则还应进行连接。

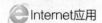

如果无线网卡与无线网络未连接，则计算机系统右下角的无线网络图标上会显示红色的叉号，在计算机系统右下角的无线网络图标上单击鼠标右键，在快捷菜单中选择"查看可用的无线网络"命令，打开"选择无线网络"对话框，如图2-39所示。

选中无线网卡搜索到的无线网络，单击"连接"按钮，打开"无线网络连接"对话框，如图2-40所示。在对话框中输入网络密码，单击"连接"按钮即可。

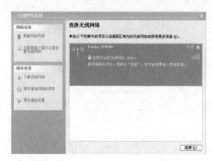

图2-39 "选择无线网络"对话框

图2-40 "无线网络连接"对话框

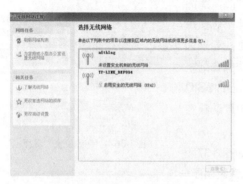

图2-41 多个无线网络

提示

如果用户的计算机附近有多个无线网络，在无线网络连接窗口中会显示出搜索到的所有无线网络，如图2-41所示。选中要进行连接的无线网络，单击"连接"按钮即可。

课后练习与指导

一、选择题

1. 下面的网址写法正确的是（　　）。

A. http://www.phei.com.cn　　　B. ftp://ftp.pku.edu.cn

C. http:// 211.100.31.92　　　D. www.baidu.com

2. 下面关于域名的说法正确的是（　　）。

A. 域名系统分不同的层来负责各子系统的名字，系统中每一层叫做一个域

B. Internet中的域名是唯一的

C. 总体上可把域名分成两类，一类为"国际域名"；一类称为"国内域名"

D. 域名地址与IP地址的转换是由域名服务器（DNS）来完成的

3. 下面关于ADSL接入Internet的说法正确的是（　　）。

A. ADSL Modem使用一条数据线和计算机的串口或并口连接

B. ADSL虚拟拨号使用PPPoE网络协议

C. ADSL Modem共有3种类型：内置式、外置式和PCMCIA卡式

D. ADSL Modem用于将电话线路中的高频数字信号和低频语音信号进行分离

4. 下面共享Internet说法正确的是（　　）。

A. 共享上网从技术实现角度来说分为硬件共享上网和软件共享上网

B. 硬件共享上网通常使用交换机

C. 实现共享上网的软件可分为代理服务器类和网关服务器类

D. ICS适用于小型企业网络环境，它的功能较全，设定也相当容易

5. 以gov为后缀的域名表示的是（　　）。

A. 商业机构　　　B. 政府机构　　C. 国际组织　　D. 教育机构

6. 以hk为后缀的域名表示的是（　　）。

A. 英国　　　　　　B. 中国香港　　C. 德国　　　　D. 法国

二、填空题

1. 从网络通信的角度来看，Internet是一个以_____网络协议连接各个国家、各个地区、各个机构的计算机网络的数据通信网。从信息资源的角度来看，Internet是一个_____的信息资源网。

2. WWW是_____的缩写，也简称为 Web，中文名字称为"万维网"。它起源于1989年3月，由_____所发展出来的主从结构分布式超媒体系统。

3. 网址也就是URL，URL是_____，它的基本格式为_____。

4. 从域名的结构来划分，总体上可把域名分成两类，一类称为_____；一类称为_____。

5. 无线上网通常有_____、_____和_____三种形式。

6. 使用ADSL接入Internet无需改动电话线，只须增加_____、_____，以及_____等硬件设备即可。

7. ICS即Internet连接共享（Internet Connection Sharing）的英文简称，是Windows系统针对_____或_____提供的一种Internet连接共享服务。

8. 在域名中com表示的是_____机构，中国的后缀则用_____来表示。

9. 共享上网从技术实现角度来说分为_____上网和_____上网。

三、简答题

1. WWW的工作原理是怎样的？

2. Internet主要提供哪些服务？

3. Internet主要由哪几部分组成？

4. 接入Internet一般有哪些方式？

5. 宽带路由器有哪些功能？

6. 无线路由器和无线AP的区别是什么？

7. 使几台计算机共享Internet一般有几种组建网络的方法？

8. 我国有哪些Internet骨干网？

四、实践题

练习1：利用ADSL接入Internet。

练习2：利用无线上网卡实现无线上网。

练习3：使用宽带路由器共享Internet。

练习4：使用无线路由器共享Internet。

模 块 03 利用浏览器浏览网上信息

你知道吗？

万维网就是由网络中的无数Web站点提供Web服务，而用户可以通过计算机对它们进行访问，实现对资源的获取。在这个浩如烟海的万维网中，每个Web站点都有自己独特的地址，或者统一资源定位符（URL）。用户只要知道Web站点的地址，就可以利用浏览器方便地访问相应的Web站点，在站点中寻找自己需要的资源。

学习目标

- ➢ 利用Internet Explorer浏览网页
- ➢ 使用收藏夹
- ➢ 保存网页信息
- ➢ 浏览器的设置
- ➢ IE浏览器的使用技巧
- ➢ 熟悉其他常用浏览器

项目任务3-1 利用Internet Explorer浏览网页

探索时间

某公司职员小王在撰写材料时想到昨天在网上看的一篇文章可以借鉴，但小王忘记了那篇文章的网址，他是否还能在Internet Explorer浏览器中找到昨天看到的那篇文章？他应该如何操作？

☆ 动手做1 了解浏览器

浏览器是指可以显示网页服务器或者文件系统的HTML文件内容，并让用户与这些文件交互的一种软件。网页浏览器主要通过HTTP与网页服务器交互并获取网页，这些网页由URL指定，文件格式通常为HTML，并由MIME在HTTP中指明。一个网页中可以包括多个文档，每个文档都是分别从服务器获取的。大部分的浏览器本身除了支持HTML之外还支持其他的格式，例如JPEG、PNG、GIF等图像格式，并且能够扩展支持众多的插件（plug-ins）。另外，许多浏览器还支持其他的URL类型及其相应的协议，如FTP、Gopher、HTTPS（HTTP的加密版本）。HTTP内容类型和URL协议规范允许网页设计者在网页中嵌入图像、动画、视频、声音、流媒体等。个人计算机上常见的网页浏览器包括微软的Internet Explorer、Mozilla的Firefox、Apple的Safari、Opera、Google Chrome、GreenBrowser浏览器、360安全浏览器、搜狗高速浏览器、天天浏览器、腾讯TT、傲游浏览器、百度浏览器、腾讯QQ浏览器等，浏览器是经常使用到的客户端程序。

下面就对目前国内比较常见的浏览器进行简要的介绍。

1．Internet Explorer浏览器

Internet Explorer浏览器也就是常说的IE，是微软公司开发的综合性网上浏览软件，是使用最广泛的一种 WWW浏览器软件。Internet Explorer是一个开放式的Internet集成软件，由多个具有不同网络功能的软件组成。Internet Explorer集成在Windows操作系统中，这种集成性与最新的Web智能化搜索工具的结合，使用户可以得到与喜爱的主题有关的信息。Internet Explorer还配置了一些特有的应用程序，具有浏览、发信、下载软件等多种网络功能，有了它，用户就可以在网上任意驰骋了。

2．腾讯TT浏览器

"腾讯TT"具有亲切、友好的用户界面，"腾讯TT"不仅提供了完善的多页面浏览功能，更是新增了多项人性化的特色功能，如自带的"旋风下载"工具、广告过滤、汇集众多搜索引擎的强大搜索功能、快捷体贴的鼠标手势、最近浏览列表、自动填表功能、完全隐私保护和便捷拖放功能等，这一切使浏览网页变得更加轻松、自如。

3．搜狗浏览器

搜狗浏览器是通过防假死技术，使浏览器运行快捷流畅，具有自动网络收藏夹、独立播放网页视频、Flash游戏提取操作等多项特色功能，并且兼容大部分用户使用习惯，支持多标签浏览、鼠标手势、隐私保护、广告过滤等主流功能。搜狗浏览器采用多级加速机制，能大幅提高上网速度。

4．360浏览器

360安全浏览器提供自动过滤广告和病毒功能。360安全浏览器拥有全国最大的恶意网址库，采用恶意网址拦截技术，可自动拦截挂马、欺诈、网银仿冒等恶意网址。独创沙箱技术，在隔离模式即使访问木马也不会感染。

5．百度浏览器

百度浏览器在2011年由百度公司推出，百度浏览器依靠百度强大的平台资源，为用户整合万千热门应用，带给用户一键触达的超快感体验；它采用了沙箱安全技术全方位守护用户的上网全过程，将用户计算机与病毒木马完全隔离；它界面设计简洁易操作，为用户提供便利。

动手做2　熟悉Internet Explorer

在Windows XP中附带的是IE6.0，在Windows 7中附带的是IE8.0，下面我们就以IE 8.0为例对IE做一个简单的介绍。

在确认连接到Internet后，在桌面上双击"Internet Explorer"图标或者在快速启动栏上单击"Internet Explorer"图标，打开Internet Explorer工作窗口，如图8-1所示。

Internet Explorer8.0浏览器的工作窗口，主要由标题栏、菜单栏、地址栏、选项卡、搜索栏、命令栏、状态栏等几部分组成，如果在窗口中不能观看到网页的全部内容，可以拖动窗口中的滚动条观看需要的内容。

1．标题栏

主窗口的顶端就是标题栏，标题栏中显示了当前所在的万维网主页的名称或者是Internet Explorer 8.0中所显示的超文本文件的名称。

在标题栏的左侧都会有"最大化 ▣"、"最小化 ▬"、"关闭 ☒"，使用这三个按钮可以迅速改变窗口的大小。

（1）如果单击"最大化"按钮可以将窗口放大到它的最大尺寸。

（2）如果单击"最小化"按钮可以将窗口缩小为任务栏上的一个按钮。

（3）如果单击"关闭"按钮可以将当前窗口关闭。

当窗口便为最大化后，用户可以看到"最大化"按钮会变为"　"。这就是"还原"按钮，单击该按钮窗口又恢复为最大化前的大小。

标题栏　菜单栏　地址栏　　选项卡 命令栏　搜索栏　　　状态栏

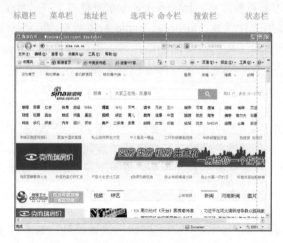

图3-1　IE 8.0的工作窗口

2．菜单栏

标题栏的下方就是菜单栏，分为文件、编辑、查看、收藏夹、工具、帮助等菜单，IE 8.0几乎所有的主要命令都可以在这些菜单里找到。利用这些菜单命令可以浏览网页、查找相关内容、实现脱机工作、实现Internet自定义等。用户可以在菜单命令上单击鼠标打开下拉菜单，然后选择相应的命令，也可以按住"Alt"键的同时按菜单命令右边括号中的字母键打开下拉菜单。

3．命令栏

在命令栏中，Internet Explorer以命令按钮的形式向用户提供了多个常用的命令。使用命令栏中的命令按钮，用户可以更加快捷、方便地浏览和搜索Web，编辑浏览窗口中的内容，在Internet Explorer中漫游，或者保存特定的Web网页等。

4．地址栏

地址栏也称为URL（Uniform Resource Location，全球统一资源定位）。地址栏是输入和显示网页地址的地方。在地址栏中，用户甚至无需输入完整的Web站点地址就可以进行直接跳转。在键入时，IE浏览器的自动完成功能会根据用户以前访问过的Web地址给出最匹配的地址的建议。另外，用户还可以利用地址来搜索Web站点。

5．状态栏

在状态栏中显示了关于Internet Explorer当前状态的有用信息，查看状态栏左侧的信息，可了解Web页地址的下载过程。右侧则显示当前页面所在的安全区域，如果是安全的站点，则会显示锁形图标。

6．选项卡

在IE 8.0浏览器中默认在新的选项卡中打开新窗口，这样的设计可以帮助用户尽量少的打开浏览器窗口个数，不仅可以节省系统资源，而且操作非常方便。

》》动手做3　在地址栏中输入网址浏览网页

如果用户知道要访问的网页的URL，直接在"地址"栏中输入URL即可。例如在"地址"栏中输入搜狐的URL，按"Enter"键，即可进入搜狐的主页，如图3-2所示。

Internet Explorer 8.0具有记忆网址的功能，单击地址栏最右端的下拉箭头，在列表中会显示最近访问过的网址，用户可以从下拉菜单中选择网址访问网页，如图3-2所示。

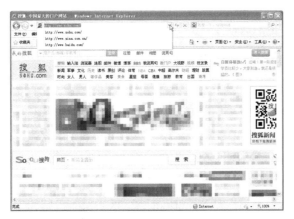

图3-2　利用地址栏浏览网页

提示

大多数的网址以 http://www 开头，其中http代表了超文本传输协议，WWW代表万维网。在大多数的浏览器中，包括Internet Explorer中，在输入以"http://"开头的网址时，用户不必在地址栏中开始处输入"http://"，因为浏览器默认的协议就是超文本传输协议。

❖ 动手做4　利用网页中的超级链接浏览网页

Web的最佳特性就是超级链接的使用，超级链接就是屏幕上的热区。当超级链接被单击时，可以转向图像、视频、音频剪辑或其他Web网页。大多数超级链接在鼠标指向时表现为带下画线的文本。其实任何文本，甚至是一幅图片的某部分，都可以是一个超级链接。当鼠标指针触及一个超级链接时，鼠标指针会变成小手状，如图3-3所示。此时在状态栏上一般将显示出超级链接的地址，单击该链接即可在新选项卡中打开目标网页，而且在选项卡上会显示出该网页的标题，如图3-4所示。

在浏览器中打开多个网页后，用户可以单击相应的选项卡，在不同的网页间切换浏览，如果打开的网页过多，用户可以单击相应网页选项卡右侧的"关闭"按钮关闭网页，如图3-5所示。

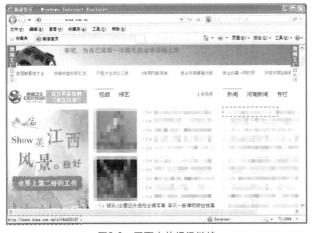

图3-3　网页中的超级链接

图3-4　单击链接打开新的网页

图3-5　关闭网页

※ 动手做5　利用历史记录浏览网页

有过刚关掉某个页面，忽然又想打开看看的经历吧？怎么办？重新输入网址？可记不住刚才的网址了，这时用户可以使用浏览器的历史记录功能。使用Internet Explorer8.0的历史纪录功能，用户可以查找在过去一段时间内曾经浏览过的网页。

单击选项卡左侧的"收藏夹"按钮 ☆ **收藏夹** ，即可在浏览器窗口左侧打开一个列表，单击"历史记录"选项，如图3-6所示。在列表中列出了最近一段时间曾经访问过的Web页，在查看"历史记录"时用户可以选择不同的查看方式，单击记录列表上面的查看下拉列表，打开一个下拉菜单，用户可以在菜单中选择查看记录的方式，如图3-6所示。

图3-6　选择查看历史记录的方式

例如选择"按日期查看"，则用户可以在列表中按照日期来查看自己在前一段时间浏览网页的情况，如图3-7所示。用户可以在历史记录中访问以前网页，在记录列表中单击Web页图标，即可转到相应的Web页。

巩固练习

1．在地址栏中输入新浪网址，访问新浪网站首页。

2．在新浪网站首页利用网页中的链接访问网页。

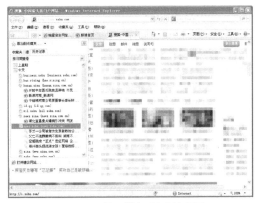

图3-7 "按日期查看"历史记录

项目任务3-2 使用收藏夹

探索时间

最近小王热衷于在猫扑论坛上灌水，他如何做才能使自己很方便地访问猫扑论坛？

动手做1 收藏网页

Internet Explorer提供了收藏夹功能，用户在上网的时候可以利用收藏夹来收藏自己喜欢、常用的网站。把它放到一个文件夹里，想用的时候可以打开。

将喜爱的网页添加到收藏夹的步骤如下：

Step 01 打开要收藏的网页，选择"收藏夹"菜单中的"添加到收藏夹"命令，打开"添加收藏"对话框，如图3-8所示。

Step 02 在对话框名称文本框中显示出了当前网页的标题，如果需要，用户可以输入一个新的命称，新的名字应该便于识别和简明扼要，以便于以后在"收藏夹"菜单中寻找和管理。

图3-8 "添加收藏"对话框

Step 03 在创建位置列表中显示了放置网页的默认位置Favorites，单击创建位置右侧的下三角箭头，出现收藏夹的位置列表，在创建位置列表中用户可以选择该网页放置的位置。

Step 04 单击"添加"按钮，网页将会保存到选定的收藏文件夹中。

动手做2 查看收藏网页

将网页添加到收藏夹后，用户可以查看收藏夹，通过收藏夹直接访问网页。单击选项卡左侧的"收藏夹"按钮，即可在浏览器窗口左侧打开一个列表，单击"收藏夹"选项，在列表中显示了收藏的网页，如图3-9所示。在列表中单击想要查看的网页即可。

图3-9 "收藏夹"的应用

动手做3　整理收藏夹

在Internet Explorer浏览器中，选择"收藏夹"菜单中的"整理收藏夹"命令，打开"整理收藏夹"对话框，如图3-10所示。

在"整理收藏夹"对话框中可以对收藏夹进行多项管理，如可以创建文件夹、网页的删除和更名、网页的移动和脱机使用等。

用户可以在收藏夹的根目录下建立几类文件夹，分别存放不同的网页，便于管理也便于查阅。在"整理收藏夹"对话框中单击"新建文件夹"按钮，在对话框的右侧出现一个默认名为新建文件夹的文件夹，如图3-11所示，用户可以为新文件夹更名。

图3-10　"整理收藏夹"对话框　　　图3-11　创建文件夹

在收藏夹中创建文件夹后，用户可以在"整理收藏夹"对话框中将收藏夹中的网页直接拖到创建的文件夹中。

在"整理收藏夹"对话框中，选择无用的文件夹或网页，单击"删除"按钮，将打开一个提示框，单击"是"按钮确认删除。

教你一招

如果用户经常利用收藏夹访问某个网页，可以将其收藏在收藏夹栏中，收藏夹栏其实是收藏夹中一个默认的文件夹，它可以工具栏的形式显示在浏览器的窗口中。打开要收藏的网页，选择"收藏夹"菜单中的"添加到收藏夹栏"命令即可将当前网页添加到收藏夹栏中同时在浏览器窗口显示出收藏夹栏，如图3-12所示。在需要浏览收藏夹栏中的网页时，用户直接在收藏夹栏上单击相应的网页即可。

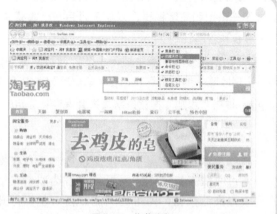

图3-12　收藏夹栏

注意

用户可以在浏览器窗口工具栏的任意位置处单击鼠标右键，在快捷菜单中选择"显示或隐藏收藏夹栏"。

巩固练习

1．打开新浪网首页，然后将它添加到收藏夹中。
2．利用收藏夹打开新浪网首页。

项目任务3-3 保存网页信息

探索时间

小王在浏览网页时看到了一些漂亮的图片，他想把这些图片保存下来以供自己使用，他如何操作才能将图片保存到自己的计算机中？

动手做1 保存图片

网上的资源很丰富当然不乏有很多精彩的图片，用户可以把它们保存到自己的硬盘上，保存网页中图片的基本的步骤如下：

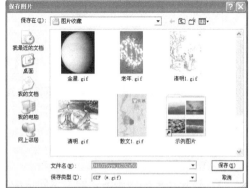

Step 01 在网页中图片上单击鼠标右键，弹出一个快捷菜单，在快捷菜单中选择"图片另存为"命令，打开如图3-13所示的"保存图片"对话框。

Step 02 在对话框中选择正确的目录，如果想更改文件名的话在文件名文本框中输入新的文件名，在保存类型下拉列表中选择保存图片的格式。

Step 03 单击"保存"按钮，图片将被下载到用户的硬盘上。

图3-13 "保存图片"对话框

动手做2 保存网页

在查看网页时用户会发现很多有用的信息，此时用户可以把它们保存下来，供日后参考。有时用户只想保存它的文本内容而有时用户想把整个网页都保存下来，甚至有时用户只想保存它的源文件，这些都可以办到。保存网页的步骤如下：

Step 01 在浏览器中打开要保存的网页，这里打开麦迪逊餐厅首页。在要保存的网页中选择"文件"菜单中的"另存为"命令，打开"保存网页"对话框，如图3-14所示。

Step 02 在对话框中单击保存类型下拉列表右侧的下三角按钮，用户可以根据需要来选择保存的对象，如图3-14所示。如用户需要保存整个网页，选择"网页，全部"选项。

Step 03 在文件名文本框中输入保存的名称，这里命名为麦迪逊餐厅网站；在保存在下拉列表中选择正确的保存位置，这里将其保存在我的文档中；然后在编码文本框中选择保存文件的编码。

Step 04 单击"保存"按钮，显示保存网页进度对话框，待保存完毕，此对话框会自动关闭。

图3-14 "保存网页"对话框

⁂ 动手做3 打印网页

用户还可以利用打印机将网页打印出来。打印网页的步骤如下：

Step **01** 在浏览器中，打开要打印的网页。

Step **02** 选择"文件"菜单中的"打印"命令，打开"打印"对话框，如图3-15所示。

Step **03** 在对话框的页面范围区域指定所需的打印选项，单击"打印"按钮。

图3-15 "打印"对话框

巩固练习

1. 使用简单的复制方法能否将网页中的图片保存到硬盘中？
2. 能否将网页保存为纯文本文件？

项目任务3-4 IE浏览器的设置

探索时间

小王非常喜爱某个网页，他想打开浏览器就能进入该网页，他应如何进行操作？

⁂ 动手做1 设置主页

主页就是刚启动IE时出现的第一个网页，系统默认的主页是微软中文主页。大家都习惯把自己经常需要访问的网站设为IE首页，这样就可以在打开IE后，直接打开喜欢去的网站，减少了需要在地址栏输入网址的时间，间接提高了工作效率。

IE8浏览器最多可以支持8个网页作为主页，设置主页的具体方法如下：

Step **01** 启动IE8 浏览器。

Step **02** 打开要设置为默认主页的Web 网页。

Step **03** 选择"工具"菜单中的"Internet选项"命令，打开"Internet 选项"对话框，选择"常规"选项卡，如图3-16所示。

Step **04** 在主页选项组中的单击"使用当前页"按钮，可将启动IE 浏览器时打开的默认主页设置为当前打开的Web 网页；若单击"使用默认值"按钮，可在启动IE 浏览器时打开默认主页；若单击

"使用空白页"按钮，可在启动IE浏览器时不打开任何网页。

Step05 如果要设置多个主页，在"Internet 选项"对话框的地址文本框中直接输入网址，每个网址之间换行即可，如图3-16所示。

Step06 设置完毕，单击"确定"按钮。

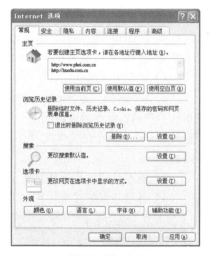

图3-16 设置主页

教你一招

在命令栏上单击主页按钮右侧的下三角箭头，在列表中选择"添加或更改主页"选项，打开"添加或更改主页"对话框，如图3-17所示。如果要将当前网页作为唯一主页，则选择"使用此网页作为唯一主页"选项，如果要将当前网页作为主页中的一个，则选择"将此网页添加到主页选项卡"选项，当在 Internet Explorer 中打开多个选项卡时如果要使用当前打开的网页替换现有的主页或主页选项卡集，则选择"使用当前选项卡集作为主页"选项。

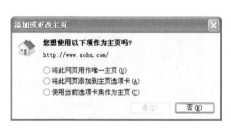

图3-17 "添加或更改主页"对话框

提示

如果用户设置了多个主页，在启动浏览器后，会同时打开设置的主页。在使用浏览器浏览网页时，如果想进入某个主页，单击命令栏上主页按钮右侧的下三角箭头，在列表中单击相应的主页即可，如图3-18所示。

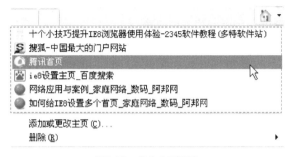

图3-18 多个主页列表

动手做2 删除网页历史记录

在浏览 Web 时，Internet Explorer 会存储有关您访问的网站的信息，以及这些网站经常要求您提供的信息（如您的姓名和地址）。Internet Explorer 会存储以下类型的信息：

（1）临时 Internet 文件。

（2）Cookie。Cookie是一种能够让网站服务器把少量数据储存到客户端的硬盘或内存，或是从客户端的硬盘读取数据的一种技术。Cookie是当你浏览某网站时，由Web服务器置于你硬盘上的一个非常小的文本文件，它可以记录你的用户ID、密码、浏览过的网页、停留的时间等信息。

（3）曾经访问的网站的历史记录。

（4）曾经在网站或地址栏中输入的信息。

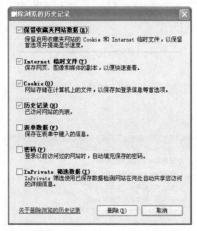

图3-19 "删除浏览的历史记录"对话框

（5）密码。

通常，将这些信息存储在计算机上是有用的，它可以提高 Web 浏览速度，并且不必多次重复输入相同的信息。但是，如果用户正在使用公用计算机，不想在该计算机上留下任何个人信息，用户则可能要删除这些信息。

删除浏览历史记录的具体方法如下：

Step 01 在IE8 浏览器中，在命令栏中单击"安全"按钮，在下拉列表中单击"删除浏览历史记录"选项，打开"删除浏览的历史记录"对话框，如图3-19所示。

Step 02 选中要删除的每个信息类别旁边的复选框。

Step 03 单击"删除"按钮。

提示

如果有大量的文件和历史记录，则此操作可能需要一段时间才能完成。如果不想删除与用户的收藏夹列表中的网站关联的 Cookie 和文件，则应选中"保留收藏夹网站数据"复选框。

动手做3 设置历史记录的保存时间

在IE 浏览器中，用户在历史记录中可查看所有浏览过的网站的记录，长期下来历史记录会越来越多。这时用户可以在"Internet 选项"对话框中设定历史记录的保存时间，这样一段时间后，系统会自动清除这一段时间的历史记录。

设置历史记录的保存时间的具体方法如下：

Step 01 启动IE 浏览器。

Step 02 选择"工具"菜单中的"Internet 选项"命令，打开"Internet 选项"对话框，选择"常规"选项卡。

Step 03 在浏览历史记录区域单击"设置"按钮，打开"Internet临时文件和历史记录设置"对话框，如图3-20所示。

Step 04 在历史记录区域的"网页保存在历史记录中的天数"文本框中用户可以设置历史记录保存的天数。

Step 05 设置完毕后，单击"确定"按钮。

提示

在"Internet 选项"对话框"常规"选项卡中的"浏览历史记录"区域如果选中"退出时删除浏览历史记录"复选框，则在退出网页时会自动删除历史记录，如图3-21所示。

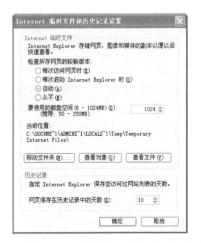

图3-20　"Internet临时文件和历史记录设置"对话框

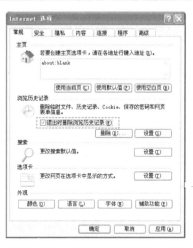

图3-21　选中"退出时删除浏览历史记录"

::: 动手做4　设置IE8为默认浏览器

如果你的系统中安装了诸如腾讯、搜狗、IE等两种以上的浏览器，各浏览器为了使自己能够运行往往要争夺将自己设置为默认浏览器。大多数第三方的浏览器软件在安装后就会将自己设置为默认浏览器，此时将IE8设置为默认浏览器的方法如下：

Step**01**　启动IE 浏览器。

Step**02**　选择"工具"菜单中的"Internet 选项"命令，打开"Internet 选项"对话框，选择"程序"选项卡，如图3-22所示。

Step**03**　在默认的Web浏览器区域单击"设为默认值"选项。

Step**04**　如果选中"如果Internet Explorer不是默认的Web浏览器，提示我选项"，则当IE8启动时如果当前的默认浏览器不是IE8时，就会弹出提示对话框。

Step**05**　设置完毕，单击"确定"按钮。

巩固练习

1．设置历史记录保存的时间为10天。

2．把主页设置为空白页。

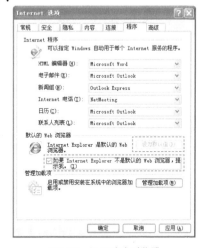

图3-22　设置默认浏览器

项目任务3-5　IE浏览器的使用技巧

探索时间

小王在浏览网页时发现网页中的一些文字对自己撰写资料有帮助，他想把这些文字复制下来，但是在网页中小王却无法进行复制的操作，这是什么原因？小王如何操作才能在复制网页中的文字？

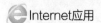

动手做1　快速输入地址

一般情况下当用户在在地址栏输入网址的时候都是入完整的地址，如http://www.sohu.com，其实IE浏览器可以简化用户的输入，只需要输入域名，如输入"sohu"，然后按Ctrl+Enter组合键，在"sohu"两端自动添加http://www. 和 .com并且自动开始浏览。

动手做2　加快网页的打开速度

要加快网页的显示速度，用户可以关闭系统图像、动画、视频、声音、优化图像抖动等项目，具体方法如下：

Step01 启动IE 浏览器。

Step02 选择"工具"菜单中的"Internet 选项"命令，打开"Internet 选项"对话框，选择高级选项卡，如图3-23所示。

Step03 在多媒体组中取消不拟显示的项目。

Step04 单击"确定"按钮。

动手做3　解决网页无法复制的问题

有些网站为了避免资料流失，往往会在网页里加入一些代码和脚本使得我们不能进行复制等操作。其实我们可以轻易地破解这样的网页，具体操作方法如下：

Step01 启动IE 浏览器。

Step02 选择"工具"菜单中的"Internet 选项"命令，打开"Internet 选项"对话框，选择"安全"选项卡，如图3-24所示。

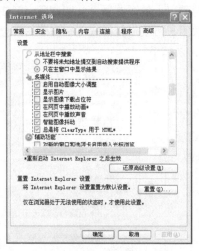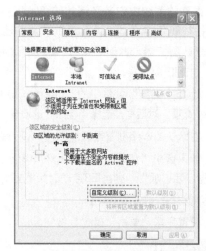

图3-23　"Internet 选项"对话框"高级"选项卡　　图3-24　"Internet 选项"对话框"安全"选项卡

Step03 在选择要查看的区域或更改安全设置区域选中"Internet"，然后单击"自定义级别"按钮，打开"安全设置-Internet区域"对话框，在对话框中将脚本组中的选项全部禁用，如图3-25所示。

Step04 依次单击"确定"按钮返回网页，按F5键刷新网页，刷新之后便可以任意复制网页内容了。

图3-25　禁用脚本

提示

在"安全设置-Internet区域"对话框中，您可以对.NET相关组件、ActiveX控件和插件、脚本以及下载等项进行一些功能限制，这样可以有效保护系统的安全，防止一些恶意脚本的运行。

⁂动手做4　在网页中快速查找文字

有些时候我们需要在某一网页中找到某些文字信息，然而，该网页中的文字又较多，无法快速找到这些文字，此时，我们便可以通过IE浏览器的"查找"功能，它的操作与Word中的"查找"功能非常的相似，具体操作方法如下：

Step 01 在IE8浏览器中选择"编辑"菜单中的"在此页上查找"命令，打开查找工具栏，如图3-26所示。

Step 02 在查找后的文本框中输入要进行查找的内容，如输入"转基因"，此时网页中所有"转基因"字样被添加了黄色底纹。

图3-26　在网页中查找文字

⁂动手做5　设置自动完成功能

浏览器的自动完成功能主要应用在浏览器的地址栏和表单中，自动完成功能保留以前输入的内容，它可随着我们输入的内容来显示以前匹配的条目。自动完成功能有利也有弊，弊端是它会泄露个人的隐私记录。

用户可以设置自动完成功能，具体方法如下：

Step 01 启动IE浏览器。

Step 02 选择"工具"菜单中的"Internet选项"命令，打开"Internet选项"对话框，选择"内容"选项卡，如图3-27所示。

Step 03 自动完成选项区域中，单击"自动完成"按钮，打开"自动完成设置"对话框，如图3-28所示。

图3-27　"Internet选项"对话框"内容"选项卡

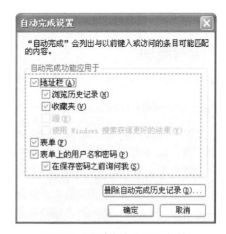

图3-28　"自动完成设置"对话框

Step 04 根据需要在自动完成功能应用于区域选择自动完成功能应用的项目。

Step 05 设置完毕单击"确定"按钮。

※ 动手做6 启用隐私浏览

使用InPrivate 浏览可让用户在 Web 上冲浪时不会在 IE8 中留下任何隐私信息痕迹，这非常适合在公共场合中安全浏览网页的需求。

在命令栏中单击"安全"按钮，在下拉列表中选择"InPrivate 浏览"选项会打开一个新浏览器窗口，如图3-29所示。"InPrivate 浏览"提供的保护仅在用户使用该窗口期间有效。用户可以在该窗口中根据需要打开尽可能多的选项卡，而且这些选项卡都将受到"InPrivate 浏览"的保护。但是，如果用户打开了另一个浏览器窗口，则该窗口不受"InPrivate 浏览"保护。若要结束"InPrivate 浏览"会话，请关闭该浏览器窗口。

图3-29 "InPrivate 浏览"

巩固练习

1．使用"InPrivate 浏览"的用途是什么？
2．如何在网页中快速查找文字？

项目任务3-6 熟悉其他常用浏览器

探索时间

在日常的工作和学习中你使用过哪几种浏览器？这些浏览器有哪些特点？

※ 动手做1 360浏览器

360浏览器，即奇虎360推出的浏览器。主要有360安全浏览器、360极速浏览器、360手机浏览器，以及专门为Pad用户打造的360浏览器HD。

360安全浏览器在全球首次采用"沙箱"技术，以彻底避免木马病毒从网页上对用户的计算机发起攻击，并拥有中国最大的恶意网址库，采用云查杀引擎，可自动拦截挂马、欺诈、网银仿冒等恶意网址。独创的"隔离模式"，让用户在访问木马网站时也不会感染。无痕浏览，能够最大限度保护用户的上网隐私。360安全浏览器体积小巧、速度快、极少崩溃，并拥有翻译、截图、鼠标手势、广告过滤等几十种实用功能，是目前市面上最安全的浏览器之一。360安全浏览器（6.0版本）的界面如图3-30所示。

360安全浏览器是一款支持浏览器静音的浏览器。现在很多网页都会自动发出声音，比如博客网站、视频广告等。当用户在360安全浏览器的状态栏上单击"网页静音"按钮"  "后，页面上所有的声音都不会被播放出来，还用户安静的浏览体验。

360安全浏览器还提供了很多扩展功能，在插件栏中显示了用户安装的扩展功能。比如用户可以安装翻译插件，这样用户在需要进行英汉互译时可以单击插件栏中的"翻译"，则打开"翻译文字"窗口，在窗口中用户可以进行翻译，如图3-31所示。

图3-30   360安全浏览器的界面

比如用户经常使用网上银行，则可以安装网银插件。用户在使用网上银行时则可以直接单击插件栏中的"网银"按钮进入网上银行。

用户可以在插件栏上单击"扩展"按钮进入360扩展中心首页，在扩展中心用户可以选择要安装的插件。如果浏览器上不显示插件栏，在360浏览器的工具栏上单击鼠标右键，在快捷菜单中选中"插件栏"显示插件栏。

图3-31   "翻译文字"窗口

动手做2　腾讯浏览器

"腾讯TT"是由腾讯公司开发的一款集多线程、黑白名单、智能屏蔽、鼠标手势等功能于一体的多页面浏览器，具有快速、稳定、安全的特点。

腾讯TT具有以下特点：

（1）浏览快速。多线程的架构，每一个网页都在独立线程中运行，互不影响，速度更快。
（2）运行稳定。优化的性能体验，更好的内存释放，更强的兼容性，使TT运行更稳定。
（3）上网安全。实时更新的黑白名单功能，阻止尽可能多的非法网站，为网络冲浪护航。
（4）在线收藏。集成QQ网络收藏夹，在线收藏网址，可以让收藏的网址随着QQ走。
（5）独立视频。网络视频可在独立窗口中观看，浏览网页看视频两不误，支持诸多视频网站。
（6）自由换肤。更多样化、自由化的皮肤方案，让每天的浏览心情更加多姿多彩。
（7）清新简单。界面比较的简洁，自然。腾讯TT浏览器的界面（7.0版本）如图3-32所示。

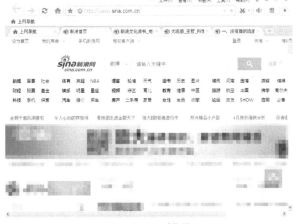

图3-32   TT浏览器

为了给大家带来干净无打扰的沉浸式阅读体验，QQ浏览器7提供了"阅读器"功能。针对主要阅读场景，目前支持"资讯、博客、小说"类的网页。

进入"资讯、博客、小说"类的网页后，在地址栏内将显示阅读器图标，单击"阅读器"图标进入阅读模式，如图3-33所示。

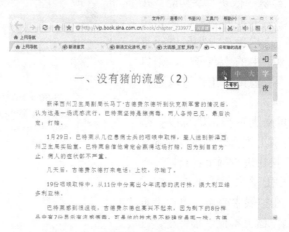

图3-33　阅读模式

浏览器会将页面内的广告等杂质全部清除，只留下正文部分，留给大家一个干净无干扰的页面效果。小说类站点还支持自动加载，使小说阅读体验更加畅快。阅读模式支持调节字体：小（默认）、中、大三级切换；另外还支持切换到夜间模式。

QQ浏览器7还提供了清理上网痕迹、网页静音、广告过滤以及截图等功能，在"工具"菜单中用户可以对这些功能进行应用，如图3-34所示。

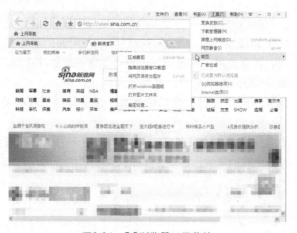

图3-34　QQ浏览器工具菜单

❖ 动手做3　搜狗浏览器

搜狗高速浏览器是国内最早发布的双核浏览器。完美融合全球最快的Webkit内核和兼容性最佳的IE内核，保证良好兼容性的同时极大提升网页浏览速度。

搜狗高速浏览器与淘宝、支付宝深度合作，支持对最新出现的欺诈网址和恶意网址进行即时拦截，当访问到欺诈网站时，地址栏变红警告并弹框阻塞，避免误入虚假购物网站造成账户信息或财产的损失，让网购更安全。

　　搜狗高速浏览器特有"安全网址认证"功能，在访问淘宝、支付宝、网银等经过认证的网址时，地址栏右侧会显示该网站logo，使网购更放心。

　　搜狗浏览器4.1版本的界面如图3-35所示。

图3-35　搜狗浏览器

　　搜狗浏览器提供了常用工具栏，常用工具栏方便用户的日常应用，如用户想看视频，可以直接单击常用工具栏中的"看视频"按钮，打开看视频网页，如图3-36所示。在看视频网页中用户可以选择视频观看。

图3-36　看视频网页

课后练习与指导

一、选择题

1. 选择（　　）菜单中的"添加到收藏夹"命令，可以打开"添加收藏"对话框。
　　A．"文件"　　B．"工具"　　C．"页面"　　D．"收藏夹"
2. 选择（　　）菜单中的"另存为"命令，可以打开"保存网页"对话框。
　　A．"文件"　　B．"工具"　　C．"查看"　　D．"收藏夹"
3. IE8浏览器最多可以支持（　　）个网页作为主页。
　　A．8　　　　　B．5　　　　　C．3　　　　　D．10

4. 利用删除浏览的历史记录功能可以删除以下类型的信息（　　　）。

    A．Internet 临时文件   B．Cookie

    C．曾经访问的网站的历史记录 D．表单数据

5. 选择（　　　）菜单中的"Internet 选项"命令，可以打开"Internet 选项"对话框。

    A．"工具"   B．"文件"   C．"查看"   D．"编辑"

6. 在查看历史记录时，用户可以选择以下查看方式（　　　）。

    A．按日期查看   B．按访问次数查看

    C．按站点查看   D．按今天的访问顺序查看

二、填空题

1. 标题栏的下方就是菜单栏，分为_____、_____、_____、_____、_____、_____等菜单，IE 8.0几乎所有的主要命令都可以在这些菜单里找到。

2. 大多数的网址以 http://www 开头，其中http代表了_____，WWW代表_____。

3. 在Internet Explorer浏览器中，选择"收藏夹"菜单中的"整理收藏夹"命令，打开_____对话框。

4. 用户可以在"Internet 选项"对话框的_____选项卡中设置主页。

5. 在IE8浏览器中，在命令栏中单击_____按钮，在下拉列表中单击"删除浏览历史记录"选项，打开_____对话框。

6. 用户可以在"Internet 选项"对话框的_____选项卡中将IE8设置为默认浏览器。

7. 在IE8 浏览器中选择_____菜单中的_____命令，打开查找工具栏，利用该工具栏用户可以快速查找当前网页中的文本。

8. IE 8浏览器的自动完成功能可以在_____对话框中进行设置。

三、简答题

1. 在IE8不是默认浏览器的情况下如何将其设置为默认浏览器？

2. 如何将喜爱的网页添加到收藏夹中？

3. 如何打印网页中选定的部分？

4. 如何将网页中的图片保存在本地硬盘中？

5. 设置主页有几种方法？

6. 在遇到网页无法复制的情况时应如何操作才能使网页可以被复制？

7. 在保存网页时如果选择"网页，全部"选项，那么在保存网页后会出现一个和网页同名的文件夹，在该文件夹中保存了哪些文件？

8. 如何取消表单上"用户名和密码"的自动完成功能？

四、实践题

练习1：利用历史记录浏览过去一段时间内曾经浏览过的网页。

练习2：将喜爱的网页添加到收藏夹栏上。

练习3：将http://www.phei.com.cn设置为主页。

练习4：删除网页中的历史记录。

模块 04 搜索网上信息

你知道吗？

Internet上的信息繁多，涉及不同的主题，包括商业、信息资讯、军事、科技、教育、工农业生产、娱乐休闲等人类活动的方方面面，真可谓是取之不尽用之不竭的信息源，这为人们的生活、工作和学习带来了极大的便利。如果用户不清楚要查找信息的所在位置，在Internet上盲目寻找既费时又费力。在因特网上有一种专门的信息服务，这就是搜索引擎。

学习目标

➢ 认识搜索引擎
➢ 利用百度搜索引擎搜索信息
➢ 中文Yahoo搜索引擎
➢ 搜狗搜索引擎

项目任务4-1 认识搜索引擎

探索时间

在平时的工作和学习中使用过专业提供搜索的网站吗？你使用或见过哪些专业提供搜索的网站？

❖ 动手做1 什么是搜索引擎

搜索引擎指自动从因特网搜集信息，经过一定整理以后，提供给用户进行查询的系统。因特网上的信息浩瀚万千，而且毫无秩序，所有的信息像汪洋上的一个个小岛，网页链接是这些小岛之间纵横交错的桥梁，而搜索引擎，则为用户绘制一幅一目了然的信息地图，供用户随时查阅。

早期的搜索引擎是把因特网中的资源服务器的地址收集起来，由其提供的资源的类型不同而分成不同的目录，再一层层地进行分类。人们要找自己想要的信息可按他们的分类一层层进入，就能最后到达目的地，找到自己想要的信息。这其实是最原始的方式，只适用于因特网信息并不多的时候。随着因特网信息按几何式增长，出现了真正意义上的搜索引擎，这些搜索引擎知道网站上每一页的开始，随后搜索因特网上的所有超级链接，把代表超级链接的所有词汇放入一个数据库，这就是现在搜索引擎的原型。

随着Yahoo的出现，搜索引擎的发展也进入了黄金时代，相比以前其性能更加优越。现在的搜索引擎已经不只是单纯的搜索网页的信息了，它们已经变得更加综合化，更加完美化了。

以搜索引擎权威Yahoo为例，从1995年3月由美籍华裔杨致远等人创办Yahoo开始，到现在，他们从一个单一的搜索引擎发展到现在有电子商务、新闻信息服务、个人免费电子信箱服务等多种网络服务，充分说明了搜索引擎的发展从单一到综合的过程。

然而由于搜索引擎的工作方式和因特网的快速发展，使其搜索的结果越来越多。例如，搜索"计算机"这个词汇，就可能有数百万页的结果。这是由于搜索引擎通过对网站的相关性来优化搜索结果，这种相关性又是由关键字在网站的位置、网站的名称、标签等公式来决定的。这就是使搜索引擎搜索结果多而杂的原因，而搜索引擎中的数据库因为因特网的发展变化也必然包含了死链接。

≫ 动手做2　搜索引擎的分类

搜索引擎按其工作方式可分以下几类。

1．全文索引

全文搜索引擎是目前广泛应用的主流搜索引擎，国外代表有Google，国内则有著名的百度。它们从互联网提取各个网站的信息（以网页文字为主），建立起数据库，并能检索与用户查询条件相匹配的记录，按一定的排列顺序返回结果。

根据搜索结果来源的不同，全文搜索引擎可分为两类，一类拥有自己的检索程序（Indexer），俗称"蜘蛛"（Spider）程序或"机器人"（Robot）程序，能自建网页数据库，搜索结果直接从自身的数据库中调用，上面提到的Google和百度就属于此类；另一类则是租用其他搜索引擎的数据库，并按自定的格式排列搜索结果，如Lycos搜索引擎。

搜索引擎的自动信息搜集功能分两种。一种是定期搜索，即每隔一段时间（比如Google一般是28天），搜索引擎主动派出"蜘蛛"程序，对一定IP地址范围内的互联网站进行检索，一旦发现新的网站，它会自动提取网站的信息和网址加入自己的数据库。另一种是提交网站搜索，即网站拥有者主动向搜索引擎提交网址，它在一定时间内（2天到数月不等）定向向你的网站派出"蜘蛛"程序，扫描你的网站并将有关信息存入数据库，以备用户查询。由于近年来搜索引擎索引规则发生很大变化，主动提交网址并不保证你的网站能进入搜索引擎数据库，目前最好的办法是多获得一些外部链接，让搜索引擎有更多机会找到你并自动将你的网站收录。

当用户以关键词查找信息时，搜索引擎会在数据库中进行搜寻，如果找到与用户要求内容相符的网站，便采用特殊的算法（通常根据网页中关键词的匹配程度、出现的位置、频次、链接质量）计算出各网页的相关度及排名等级，然后根据关联度高低，按顺序将这些网页链接返回给用户。这种引擎的特点是搜全率比较高。

2．目录索引

虽然有搜索功能，但严格意义上不能称为真正的搜索引擎，只是按目录分类的网站链接列表而已。用户完全可以按照分类目录找到所需要的信息，不依靠关键词（Keywords）进行查询。目录索引中最具代表性的莫过于大名鼎鼎的Yahoo、新浪分类目录搜索。

与全文搜索引擎相比，目录索引有许多不同之处。

首先，搜索引擎属于自动网站检索，而目录索引则完全依赖手工操作。用户提交网站后，目录编辑人员会亲自浏览你的网站，然后根据一套自定的评判标准甚至编辑人员的主观印象，决定是否接纳你的网站。其次，搜索引擎收录网站时，只要网站本身没有违反有关的规则，一般都能登录成功。而目录索引对网站的要求则高得多，有时即使登录多次也不一定成功。尤其像Yahoo这样的超级索引，登录更是困难。

此外，在登录搜索引擎时，我们一般不用考虑网站的分类问题，而登录目录索引时则必须将网站放在一个最合适的目录（Directory）中。

最后，搜索引擎中各网站的有关信息都是从用户网页中自动提取的，所以从用户的角度看，我们拥有更多的自主权；而目录索引则要求必须手工另外填写网站信息，而且还有各种各样的限制。更有甚者，如果工作人员认为你提交网站的目录、网站信息不合适，他可以随时对其进行调整，当然事先是不会和你商量的。

目录索引，顾名思义就是将网站分门别类地存放在相应的目录中，因此用户在查询信息时，可选择关键词搜索，也可按分类目录逐层查找。如以关键词搜索，返回的结果跟搜索引擎一样，也是根据信息关联程度排列网站，只不过其中人为因素要多一些。如果按分层目录查找，某一目录中网站的排名则是由标题字母的先后顺序决定（也有例外）。

目前，搜索引擎与目录索引有相互融合渗透的趋势。原来一些纯粹的全文搜索引擎现在也提供目录搜索，如Google就借用Open Directory目录提供分类查询。而像 Yahoo 这些老牌目录索引则通过与Google等搜索引擎合作扩大搜索范围。在默认搜索模式下，一些目录类搜索引擎首先返回的是自己目录中匹配的网站，如中国的搜狐、新浪、网易等；而另外一些则默认的是网页搜索，如Yahoo。这种引擎的特点是找的准确率比较高。

3．元搜索引擎

元搜索引擎（META Search Engine）接受用户查询请求后，同时在多个搜索引擎上搜索，并将结果返回给用户。著名的元搜索引擎有InfoSpace、Dogpile、Vivisimo等，中文元搜索引擎中最具代表性的是搜星搜索引擎。在搜索结果排列方面，有的直接按来源排列搜索结果，如Dogpile；有的则按自定的规则将结果重新排列组合，如Vivisimo。

4．垂直搜索引擎

垂直搜索引擎为2006年后逐步兴起的一类搜索引擎。不同于通用的网页搜索引擎，垂直搜索专注于特定的搜索领域和搜索需求（例如：机票搜索、旅游搜索、生活搜索、小说搜索、视频搜索等等），在其特定的搜索领域有更好的用户体验。相比通用搜索动辄数千台检索服务器，垂直搜索需要的硬件成本低、用户需求特定、查询的方式多样。

5．集合式搜索引擎

集合式搜索引擎：该搜索引擎类似元搜索引擎，区别在于它并非同时调用多个搜索引擎进行搜索，而是由用户从提供的若干搜索引擎中选择，如HotBot在2002年底推出的搜索引擎。

6．门户搜索引擎

门户搜索引擎：AOLSearch、MSNSearch等虽然提供搜索服务，但自身既没有分类目录也没有网页数据库，其搜索结果完全来自其他搜索引擎。

7．免费链接列表

免费链接列表（Free For All Links，FFA）：一般只简单地滚动链接条目，少部分有简单的分类目录，不过规模要比 Yahoo 等目录索引小很多。

⫸ 动手做3　搜索引擎的工作原理

搜索引擎的工作原理大致可以分为三步：

第一步：搜集信息。搜索引擎的信息搜集基本都是自动的。搜索引擎利用称为网络蜘蛛（spider）的自动搜索机器人程序来连上每一个网页上的超链接。机器人程序根据网页链到其他中的超链接，就像日常生活中所说的"一传十，十传百……"一样，从少数几个网页开始，连到数据库上所有到其他网页的链接。理论上，若网页上有适当的超链接，机器人便可以遍历绝大部分网页。

第二步：整理信息。搜索引擎整理信息的过程称为"建立索引"。搜索引擎不仅要保存搜集起来的信息，还要将它们按照一定的规则进行编排。这样，搜索引擎根本不用重新翻查它

所有保存的信息而迅速找到所要的资料。想象一下，如果信息是不按任何规则地随意堆放在搜索引擎的数据库中，那么它每次找资料都得把整个资料库完全翻查一遍，如此一来再快的计算机系统也没有用。

第三步：接受查询。用户向搜索引擎发出查询，搜索引擎接受查询并向用户返回资料。搜索引擎每时每刻都要接到来自大量用户的几乎是同时发出的查询，它按照每个用户的要求检查自己的索引，在极短时间内找到用户需要的资料，并返回给用户。目前，搜索引擎返回主要是以网页链接的形式提供的，通过这些链接，用户便能到达含有自己所需资料的网页。通常搜索引擎会在这些链接下提供一小段来自这些网页的摘要信息以帮助用户判断此网页是否含有自己需要的内容。

≫ 动手做4　搜索引擎的发展史

互联网发展早期，以雅虎为代表的网站分类目录查询非常流行。网站分类目录由人工整理维护，精选互联网上的优秀网站，并简要描述，分类放置到不同目录下。用户查询时，通过一层层的点击来查找自己想找的网站。也有人把这种基于目录的检索服务网站称为搜索引擎，但从严格意义上讲，它并不是搜索引擎。

现代意义上的搜索引擎的祖先，是1990年由蒙特利尔大学三名学生（Alan Emtage、Peter Deutsch、Bill Wheelan）发明的Archie。虽然当时World Wide Web还未出现，但网络中文件传输还是相当频繁的，而且由于大量的文件散布在各个分散的FTP主机中，查询起来非常不便，因此Alan Emtage等想到了开发一个可以以文件名查找文件的系统，于是便有了Archie。Archie工作原理与现在的搜索引擎已经很接近，它依靠脚本程序自动搜索网上的文件，然后对有关信息进行索引，供使用者以一定的表达式查询。由于Archie深受用户欢迎，受其启发，美国内华达System Computing Services大学于1993年开发了另一个与之非常相似的搜索工具Gopher（Gopher FAQ），不过此时的搜索工具除了索引文件外，已能检索网页。

Robot（机器人）一词对编程者有特殊的意义。Computer Robot是指某个能以人类无法达到的速度不断重复执行某项任务的自动程序。由于专门用于检索信息的Robot程序像蜘蛛（Spider）一样在网络间爬来爬去，因此，搜索引擎的Robot程序被称为Spider程序。

1993年Matthew Gray开发了 World Wide Web Wanderer，这是第一个利用HTML网页之间的链接关系来检测万维网规模的"机器人（Robot）"程序。开始，它仅仅用来统计互联网上的服务器数量，后来也能够捕获网址（URL）。

与Wanderer相对应，Martin Koster于1993年10月创建了ALIWEB，它是Archie的HTTP版本。ALIWEB不使用"机器人"程序，而是靠网站主动提交信息来建立自己的链接索引，类似于现在我们熟知的Yahoo。随着互联网的迅速发展，使得检索所有新出现的网页变得越来越困难，因此，在Matthew Gray的Wanderer基础上，一些编程所有网页都可能有连向其他网站的链接，那么者将传统的"蜘蛛"程序工作原理作了些改进。其设想是，既然从跟踪一个网站的链接开始，就有可能检索整个互联网。到1993年底，一些基于此原理的搜索引擎开始纷纷涌现，其中以JumpStation、The World Wide Web Worm（Goto的前身，也就是今天Overture）和Repository-Based Software Engineering（RBSE）Spider最负盛名。然而JumpStation和WWW Worm只是以搜索工具在数据库中找到匹配信息的先后次序排列搜索结果，因此毫无信息关联度可言。而RBSE是第一个在搜索结果排列中引入关键字串匹配程度概念的引擎。

最早现代意义上的搜索引擎出现于1994年7月。当时Michael Mauldin将John Leavitt的蜘蛛程序接入到其索引程序中，创建了大家现在熟知的Lycos。同年4月，斯坦福（Stanford）大学的两名博士生，David Filo和美籍华人杨致远（Gerry Yang）共同创办了超级目录索引Yahoo，并成功地使搜索引擎的概念深入人心，从此搜索引擎进入了高速发展时期。

1998年10月之前，Google只是斯坦福大学（Stanford University）的一个小项目BackRub。

1995年博士生Larry Page开始学习搜索引擎设计,于1997年9月15日注册了域名,1997年底,在Sergey Brin、Scott Hassan和Alan Steremberg的共同参与下,BachRub开始提供Demo。1999年2月,Google完成了从Alpha版到Beta版的蜕变。Google公司则把1998年9月27日认作自己的生日。Google以网页级别(Pagerank)为基础,判断网页的重要性,使得搜索结果的相关性大大增强。Google公司的奇客(Geek)文化氛围、不作恶(Don't be evil)的理念,为Google赢得了极高的口碑和品牌美誉。2006年4月,Google宣布其中文名称"谷歌",这是Google第一个在非英语国家起的名字。由于种种原因,谷歌已于2010年退出中国(关闭在大陆的服务器)。

1996年8月,sohu公司成立,制作中文网站分类目录,曾有"出门找地图,上网找搜狐"的美誉。随着互联网网站的急剧增加,这种人工编辑的分类目录已经不适应。sohu于2004年8月创建独立域名的搜索网站"搜狗",自称"第三代搜索引擎"。

2000年李彦宏与徐勇在北京中关村创立了百度(Baidu)公司,2001年10月22日正式发布Baidu搜索引擎,专注于中文搜索。

2003年12月23日,原慧聪搜索正式独立运作,成立了中国搜索。2004年2月,中国搜索发布桌面搜索引擎网络猪1.0,2006年3月中搜将网络猪更名为IG(Internet Gateway)。

2005年6月,新浪正式推出自主研发的搜索引擎"爱问"。

2007年7月全面采用网易自主研发的有道搜索技术,有道网页搜索、图片搜索和博客搜索为网易搜索提供服务。其中网页搜索使用了其自主研发的自然语言处理、分布式存储及计算技术;图片搜索首创根据拍摄相机品牌、型号,甚至季节等高级搜索功能;博客搜索相比同类产品具有抓取全面、更新及时的优势,提供"文章预览"、"博客档案"等创新功能。

❖ 动手做5　搜索技巧与策略

显然,要成为一个搜索专家,远非学几条技巧与策略那么简单,但确实有些精彩的搜索技巧与策略能够极大地提高用户的搜索效率。

1．选择合适的搜索工具

每一个搜索都是不同的,如果用户为每一个搜索都选择合适的搜索工具,那么每次用户都会得到较好的搜索结果。最常见的选择是使用全文搜索引擎还是网站分类目录。

一般的规则是,如果你在找什么特殊的内容或文件,那么使用全文搜索引擎如百度,如果你想从总体上或比较全面的了解一个主题,那么使用网站分类目录如Yahoo。

2．使用组合关键词

如果一个陌生人突然走近你,向你问道:"北京",你会怎样回答?大多数人会觉得莫名其妙,然后会再问这个人到底想问"北京"哪方面的事情。同样,如果用户在搜索引擎中输入一个关键词"北京",搜索引擎也不知道用户要找什么,它也可能返回很多莫名其妙的结果。因此用户要养成使用多个关键词搜索的习惯。当然,大多数情况下使用两个关键词搜索已经足够了,关键词与关键词之间以空格隔开。

比如,用户想了解北京旅游方面的信息,就输入"北京 旅游",这样才能获取与北京旅游有关的信息;如果想了解北京公交车方面的信息,可以输入"北京 公交车"搜索;如果要下载名叫"愿望"的MP3,就输入"愿望 MP3 下载"来搜索。

3．使用自然语言搜索

多数搜索引擎对自然语言的处理很好。事实上,搜索引擎能够从语句结构得到很有用的信息,不会像仅得到几个关键词那样容易迷失

4．小心使用布尔符

大多数搜索引擎允许用户使用布尔符(and、or、not)来使得搜索范围更精确。除非用户有丰富的布尔符使用经验,否则用户最好不要使用。有两个理由:第一,布尔符在不同的搜索

引擎中使用起来是略有不同的，除非用户明确知道布尔符在某一个搜索引擎中是如何使用的，确定不会错用布尔符，不会妨碍搜索结果；第二，当用户使用布尔符时，用户可能错过了许多其他的影响因素，比如搜索引擎是如何决定搜索结果的相关性的。

5．单击搜索结果前先思考

一次成功的搜索由两个部分组成：正确的搜索关键词，有用的搜索结果。在用户单击任何一条搜索结果之前，应快速地分析一下搜索结果的标题、网址、摘要，这样有助于用户选出更准确的结果，帮用户节省大量时间。当然，到底哪一个是用户需要的内容，取决于用户在寻找什么，评估网络内容的质量和权威性是搜索的重要步骤。

一次成功的搜索也经常是由好几次搜索组成的，如果对自己搜索的内容不熟，即使是搜索专家，也不能保证第一次搜索就能找到想要的内容。搜索专家会先用简单的关键词测试，他们不会忙着仔细查看各条搜索结果，而是先从搜索结果页面里寻找更多的信息，再设计一个更好的关键词重新搜索，这样重复多次以后，就能设计出很棒的搜索关键词，也就能搜索到满意的搜索结果了。

6．不要放弃

有时用户做的所有搜索尝试都不能得到有用的搜索结果。经常，当用户的大量搜索努力都被证明是白费劲。不要失望，当搜索失败的时候，用户要检查上面的搜索策略，重新设定搜索方法。一个看上去毫无希望的搜索，很有可能在用户检讨自己的搜索策略后获得成功。

项目任务4-2 利用百度搜索引擎搜索信息

探索时间

小王想知道历年来美国职业篮球联赛（NBA）获取总冠军的球队名称，他能否在网上搜索到这些信息？他应如何进行操作？

※ 动手做1　百度网页搜索

百度是全球最大的中文搜索引擎，2000年1月由李彦宏、徐勇两人创立于北京中关村，致力于向人们提供"简单，可依赖"的信息获取方式。"百度"二字源于中国宋朝词人辛弃疾的《青玉案·元夕》词句"众里寻他千百度"，象征着百度对中文信息检索技术的执着追求。

百度网页搜索的基本方法如下：

Step 01 在IE的地址栏中输入百度的网址 http://www.baidu.com，按下Enter键，打开百度主页，如图4-1所示。

Step 02 默认情况下显示的是网页搜索，如果不是网页搜索，在百度图标的下面单击"网页"链接，在搜索框中输入关键词，如这输入"2013年全运会举办时间"，单击"百度一下"，百度会寻找所有符合您全部查询条件的资料，并把最相关的网站或资料排在前列，如图4-2所示。

图4-1　百度主页

Step03 在搜索结果列表中寻找自己需要的结果，然后单击链接打开相应的网页查看。如这里单击第二个链接，则可以看到详细的信息，如图4-3所示。

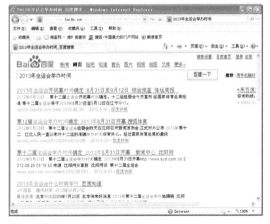

图4-2　查找到的资料列表

图4-3　查找到的详细资料

动手做2　百度图片搜索

如果用户要搜索图片，可以利用百度图片搜索的功能，基本方法如下：

Step01 在百度主页中单击百度图标下面的图片链接，可进入百度图片搜索主页，如图4-4所示。

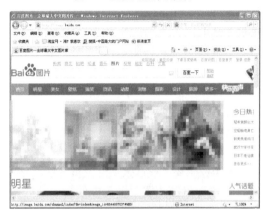

图4-4　百度图片搜索主页

提示

在IE的地址栏中输入百度的图片网址，按下Enter键，也可打开百度图片搜索主页。

Step02 在搜索框中输入关键词，如这输入"2013年全运会会徽"，单击"百度一下"将在网页中列出搜索的结果，如图4-5所示。

Step03 在搜索结果列表中寻找自己需要的图片，然后单击图片打开相应的网页仔细查看，如图4-6所示。

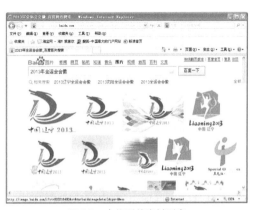

图4-5　查找到的资料列表

Step04 在图片上单击鼠标右键，打开一个快捷菜单，如图4-7所示。在快捷菜单中用户可以选择是将图片另存、打印图片、设置为背景、复制或下载等操作。

图4-6 详细的图片图 　　　4-7 对查找到的图片进行操作

百度的图片搜索还提供了一个百度识图功能。常规的图片搜索，是通过输入关键词的形式搜索到互联网上相关的图片资源，而百度识图则能实现用户通过上传图片或输入图片的URL地址，从而搜索到互联网上与这张图片相似的其他图片资源，同时也能找到这张图片相关的信息。百度识图会是一项实用的功能，相信会让用户的娱乐和咨询带来欣喜的变化。

在以下情况下，百度识图能为用户提供服务：

- 当你想要了解一个不熟悉的明星或其他人物的相关信息时，如姓名、新闻等。
- 当你想要了解某张图片背后的相关信息时，如拍摄时间、地点、背后的一些故事等。
- 当你手上已经有一张图片，想要找一张尺寸更大的，或是没有水印的，或是PS处理之前的原图。
- 当你想要了解这张图片还被哪些网站引用时。

单击百度图片搜索主页中的右上部导航栏中的"百度识图"选项进入百度识图首页，如图4-8所示。

在首页中用户可以选择从本地上传图片或者粘贴图片网址。单击"从本地上传"标签，将打开选择要上传的文件对话框，如图4-9所示。

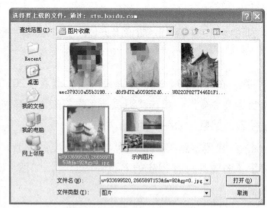

图4-8 百度识图 　　　图4-9 选择要上传的文件

在对话框中用户选择一张自己计算机上的图片，单击"打开"按钮，系统会自动开始搜索，并将搜索结果显示出来，如图4-10所示。

提示

用户还可以输入图片的网址，获取一张网上的图片地址，选择粘贴图片网址标签，粘贴图片网址后，系统会自动开始搜索。获取网上图片地址的方法为用鼠标右键单击该图片，在打开的快捷菜单中选择"属性"命令，打开"属性"对话框，在对话框的地址处显示的网址就是图片的网址，如图4-11所示。

图4-10　百度识图搜索结果　　　　　图4-11　"属性"对话框

注意

用户所上传的图片需要满足百度识图的格式和物理文件大小的要求。目前支持的图片格式为：jpg、gif、jpeg、png、bmp；图片大小要求在5MB以内。

※ 动手做3　百度音乐搜索

如果用户要搜索音乐，可以利用百度音乐搜索的功能，基本方法如下：

Step 01　在百度主页中百度图标的下面单击"音乐"链接，可进入百度音乐搜索主页，如图4-12所示。

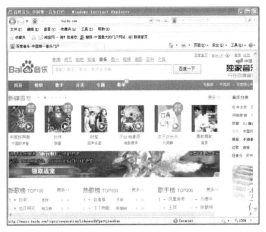

图4-12　百度音乐搜索主页

提示

在IE的地址栏中输入百度的音乐网址，按下Enter键，也可打开百度音乐搜索主页。

Step02 在主页中用户可以在相应的类别中查找音乐，也可以单击"榜单"、"歌手"、"分类"和"专题"等类别进入相应的页面进行更加详细的查找，如这里单击"歌手"进入"歌手"页面，如图4-13所示。

Step03 在页面中用户可以查找歌手，然后单击进入该歌手的音乐页面。如这里单击"凤凰传奇"，则进入如图4-14所示的歌曲列表页面。

图4-13　歌手页面　　　　　　　　　　图4-14　歌曲列表

Step04 在歌曲列表中找到自己喜欢的歌曲，用户单击"播放"按钮" ► "则打开百度音乐盒页面开始播放，单击"下载"按钮" ⬇ "则打开下载页面下载音乐。用户还可以先选中要播放的音乐，然后单击"播放选中歌曲"按钮，则打开百度音乐盒页面按顺序播放选中的歌曲。

图4-15　歌曲详细信息页面

Step05 如果要查看某首歌曲的详细信息，可以在列表中单击相应的歌曲。如这里单击"最炫民族风"，进入如图4-15所示的页面。在页面中用户可以看到关于这首歌曲的详细信息，并且还可以查看歌曲的歌词，当然也可以选择"播放"、"下载"或"添加"。

如果自己要直接查找某个歌曲、某个专辑或某个歌手可在搜索框中直接输入相应的信息，如输入"北京欢迎你"，单击"百度一下"即可找到该歌曲。

 提示 ● ● ●

百度音乐盒页面如图4-16所示，在该页面用户不但可以听歌而且在页面的右侧还会显示当前播放歌曲的歌词。如果播放了多首歌曲，用户可以利用下面的"上一首"按钮" |◄ "和"下一首"按钮" ►| "来选择播放的歌曲，还可以单击"暂停"按钮" ▌▌"暂停播放的歌曲，暂停后可以单击"播放"按钮" ► "继续播放。

图4-16　百度音乐盒页面

动手做4 百度视频搜索

如果用户要搜索视频，可以利用百度视频搜索的功能，基本方法如下：

Step 01 在百度主页中百度图标的下面单击"视频"链接，可进入百度视频搜索主页，如图4-17所示。

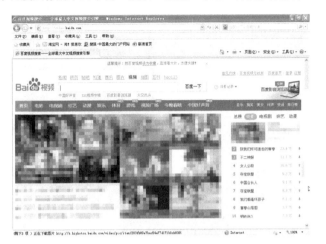

图4-17 百度视频搜索主页

提示

在IE的地址栏中输入百度的视频网址，按下Enter键，也可打开百度视频搜索主页。

Step 02 在主页中用户可以在相应的类别中查找视频，也可以单击"电影"、"电视剧"、"综艺"以及"动漫"等类别进入相应的页面进行更加详细的查找，如这里单击"电影"进入电影页面，如图4-18所示。

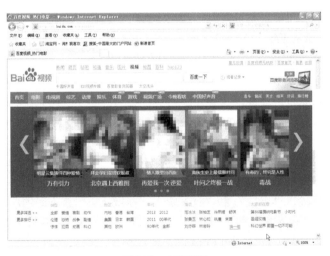

图4-18 电影页面

Step 03 在页面中用户可以根据分类查找自己喜爱的电影，然后单击进入该部电影的详细介绍页面。如这里单击本周盘点区域的"叶问终极一战"，则进入如图4-19所示的电影详细介绍页面。在该页面中用户可以看到该影片的"导演"、"演员"、"影片简介"以及"影评"等信息。

Step 04 单击"立即播放"按钮则进入该电影的播放页面，如图4-20所示。

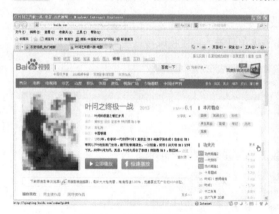

图4-19　电影详细介绍页面

图4-20　电影播放页面

图4-21　搜索到手机的相关视频

Step 05 在播放页面中单击右下角的"全屏"按钮"　"，则可全屏播放。

Step 06 看完电影后用户还可以在播放页面的下方进行评论。

如果自己要直接查找某个电影或电视剧可在搜索框中直接输入相应的信息，如输入"手机"，单击"百度一下"进入如图4-21所示的页面，在该页面中用户可以找到关于"手机"的相关视频。

提示

由于涉及版权等各方面的原因，在搜索时并不能搜索到所有的电影和电视剧。

※ 动手做5　百度搜索技巧

使用百度搜索引擎可以帮助使用者在Internet上找到特定的信息，但它们同时也会返回大量无关的信息。如果用户多使用一些下面介绍的技巧，将发现搜索引擎会花尽可能少的时间找到需要的确切信息。

1．输入准确的关键词

百度搜索引擎严谨认真，要求"一字不差"。例如分别输入"舒淇"和"舒琪"，搜索结果是不同的；分别输入"电脑"和"计算机"，搜索结果也是不同的。

因此，如果您对搜索结果不满意，建议检查输入文字有无错误，并换用不同的关键词搜索。

2．使用多个关键词

用户可以通过使用多个关键字来缩小搜索范围。例如如果想要搜索有关广东篮球的信息，则输入两个关键字"广东"和"篮球"；如果只输入其中一个关键字，搜索引擎就会返回大量的无关信息。一般而言，用户提供的关键字越多，搜索引擎返回的结果越精确。

3．百度快照

百度搜索引擎已先预览各网站，拍下网页的快照，为用户储存大量的应急网页。　单击每条搜索结果后的"百度快照"，可查看该网页的快照内容。 百度快照不仅下载速度极快，而且搜索用的词语均已用不同颜色在网页中标明。原网页随时可能更新，跟百度快照内容不同，用户使用的时候请注意查看新版。

4．留意搜索引擎的结果

搜索引擎返回的Web站点顺序可能会影响人们的访问，所以，为了增加Web站点的点击率，一些Web站点会付费给搜索引擎，以在相关Web站点列表中显示在靠前的位置。

此外，因为搜索引擎经常对最为常用的关键字进行搜索，所以许多Web站点在自己的网页中隐藏了同一关键字的多个副本。这使得搜索引擎不再去查找Internet，以返回与关键字有关的更多信息。

正如读报纸、听收音机或看电视新闻一样，请留意您所获得的信息的来源。搜索引擎能够帮用户找到信息，但无法验证信息的可靠性。因为任何人都可以在网上发布信息。

5．使用通配符

通配符包括星号（*）和问号（?），前者表示匹配的数量不受限制，后者匹配的字符数要受到限制，主要用在英文搜索引擎中。例如输入"computer*"，就可以找到"computer、computers、computerised、computerized"等单词，而输入"comp?ter"，则只能找到"computer、compater、competer"等单词。

6．使用布尔检索

所谓布尔检索，是指通过标准的布尔逻辑关系来表达关键词与关键词之间逻辑关系的一种查询方法，这种查询方法允许我们输入多个关键词，各个关键词之间的关系可以用逻辑关系词来表示。

（1）and：称为逻辑"与"，用and进行连接，表示它所连接的两个词必须同时出现在查询结果中，例如输入"北京 and 金隅篮球队"，它要求查询结果中必须同时包含北京和金隅篮球队。

（2）or：称为逻辑"或"，它表示所连接的两个关键词中任意一个出现在查询结果中就可以，例如输入"北京or金隅篮球队"，就要求查询结果中可以只有北京，或只有金隅篮球队，或同时包含北京和金隅篮球队。

（3）not：称为逻辑"非"，它表示所连接的两个关键词中应从第一个关键词概念中排除第二个关键词，例如输入"汽车 not 中巴"，就要求查询的结果中包含汽车，但同时不能包含中巴。

（4）near：它表示两个关键词之间的词距不能超过n个单词。在实际的使用过程中，你可以将各种逻辑关系综合运用，灵活搭配，以便进行更加复杂的查询。

7．使用加（减）号

在关键词的前面使用加号，也就等于告诉搜索引擎该单词必须出现在搜索结果中的网页上，例如在搜索引擎中输入"计算机＋电话＋传真"就表示要查找的内容必须要同时包含"计算机、电话、传真"这三个关键词。

在关键词的前面使用减号，也就意味着在查询结果中不能出现该关键词，例如在搜索引擎中输入"电视台-中央电视台"，它就表示最后的查询结果中一定不包含"中央电视台"。

这里的加号和减号，是英文字符，而不是中文字符的"＋"和"－"。

8．使用双引号和书名号

给要查询的关键词加上双引号（半角），可以实现精确的查询，这种方法要求查询结果要精确匹配，不包括演变形式。例如在搜索引擎的文字框中输入"电传"，它就会返回网页中有"电传"这个关键字的网址，而不会返回诸如"电话传真"之类网页。

加上书名号的查询词，有两层特殊功能，一是书名号会出现在搜索结果中；二是被书名号扩起来的内容，不会被拆分。书名号在某些情况下特别有效，例如查名字很通俗和常用的那些电影或者小说。比如，查电影"手机"，如果不加书名号，很多情况下出来的是通信工具——手机，而加上书名号后，《手机》结果就都是关于电影方面的了。

9. 使用语法查询

（1）把搜索范围限定在网页标题中使用intitle:标题

把查询内容范围限定在网页标题中，有时能获得良好的效果。使用的方式，是把查询内容中，特别关键的部分，用"intitle:"领起来。例如找林青霞的写真，就可以这样查询：写真intitle:林青霞写真。注意，intitle:和后面的关键词之间不要有空格。

（2）把搜索范围限定在特定站点中使用site:站名

有时候，用户如果知道某个站点中有自己需要找的东西，就可以把搜索范围限定在这个站点中，提高查询效率。使用的方式，是在查询内容的后面，加上"site:站点域名"。例如天空网下载软件不错，就可以这样查询：msn site:skycn com。注意，"site:"后面跟的站点域名，不要带"http://"；另外，site:和站点名之间不要带空格。

（3）把搜索范围限定在URL链接中使用inurl:链接

网页URL中的某些信息，常常有某种有价值的含义。于是，用户如果对搜索结果的URL做某种限定，就可以获得良好的效果。实现的方式是用"inurl:"，后跟需要在URL中出现的关键词。例如找关于photoshop的使用技巧，可以这样查询：photoshop inurl:技巧。这个查询串中的"photoshop"，是可以出现在网页的任何位置，而"技巧"则必须出现在网页URL中。注意，inurl:语法和后面所跟的关键词不要有空格。

10. 区分大小写

这是检索英文信息时要注意的一个问题，许多英文搜索引擎可以让用户选择是否要求区分关键词的大小写，这一功能对查询专有名词有很大的帮助，例如Web专指万维网或环球网，而web则表示蜘蛛网。

项目任务4-3 中文Yahoo搜索引擎

中文雅虎是美国"Yahoo！"公司于1998年5月推出的中文搜索引擎，提供中文简体与中文繁体两种版本。中国大陆的站点一般使用简体中文，而中国香港与台湾地区的站点一般使用繁体中文。中文雅虎的分类目录查询做得相当出色，无论从网站的数量还是分类的合理性方面都可圈可点。站点目录分为若干个大类，每一个大类下面又分若干子类，搜索十分方便。该站点连接速度快，包含范围广，数据容量大，简便易用，是查询各种信息的好去处。

中文雅虎的主页如图4-22所示。

中文雅虎的分类目录位于其主页的左侧。用户可以根据查找的内容所属的类别在分类目录中逐级逐类地选择相应的类目，经过多次选择后，就可以访问到包含所查找内容的站点。

例如，要查找世界军事领域的内容，首先在主页的分类目录中指向"军事"大类，然后单击"世界军情"进入有关世界军情页面，在该页面会显示有关世界军情方面的站点信息，如图4-23所示。

如果用户已知要查找内容的主题概念，就可以利用关键词检索方式。在雅虎主页上部的检索文本框中输入要找的关键词，然后点击"搜索"按钮，中文雅虎就会在数据中查找与关键词匹配的记录，并将符合检索条件的结果显示出来。例如输入"2013年全运会"单击"搜索"按钮，则会列出有关2013年全运会的主题结果，如图4-23所示。

图4-22　雅虎主页

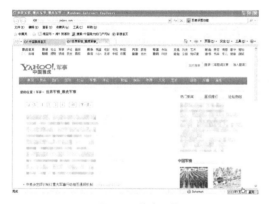

图4-22 分类目录

图4-23 主题搜索

项目任务4-4 搜狗搜索引擎

搜狗搜索是搜狐公司于2004年8月3日推出的全球首个第三代互动式中文搜索引擎，搜狗以搜索技术为核心，致力于中文互联网信息的深度挖掘，帮助中国上亿网民加快信息获取速度，为用户创造价值。

搜狗网页搜索作为搜狗的核心产品，经过多年持续不断地优化改进，凭借自主研发的服务器集群并行抓取技术，成为全球首个中文网页收录量达到100亿的搜索引擎（目前已达到500亿以上）。加上每天5亿网页的更新速度，独一无二的搜狗网页评级体系，确保了搜狗网页搜索在海量、及时、精准三大基本指标上的全面领先。

搜狗搜索的垂直搜索也各有特色，音乐搜索的歌曲和歌词数据覆盖率首屈一指，视频搜索为用户提供贴心的检索方式，图片搜索拥有独特的组图浏览功能，新闻搜索及时反映互联网热点事件，还有地图搜索的创新功能，使得搜狗的搜索产品线极大地满足了用户的需求，体现了搜狗强大的研发、创新能力。

搜狗的主页如图4-24所示。

搜狗查询非常简洁方便，只需输入查询内容并按一下Enter键或单击"搜狗搜索"按钮即可得到最相关的资料。

图4-24 搜狗主页

课后练习与指导

一、选择题

1. 目前广泛使用的主流搜索引擎是（ ）。
   A. 全文索引   B. 目录索引
   C. 垂直搜索引擎   D. 元搜索引擎

2. 目录索引中最具代表性的是（ ）。
   A. 百度   B. Google   C. Yahoo   D. 搜狗

3. 使用百度搜索时把查询内容范围限定在网页标题中应使用（ ）语法。

A. site　　　　B. intitle　　　　C. near　　　　D. and

4. 使用百度搜索时把搜索范围限定在特定站点中使用（　　　）语法。

A. site　　　　B. intitle　　　　C. near　　　　D. and

5. 下列说法正确的是（　　　）。

A. 在百度百科中用户可以创建新的词条，也可编辑已有词条

B. 百度文库平台上的文档来自热心用户的上传，百度会适当编辑或修改用户上传的文档内容

C. 利用百度识图功能，用户可以在网上搜索与图片相似的其他图片资源

D. 用户可以利用百度知道功能到百度上去提问，让百度来解答你的问题

6. 关于百度搜索下列说法正确的是（　　　）。

A. 百度搜索支持模糊搜索，如输入"电脑"和"计算机"搜索结果是相同的

B. 使用百度搜索搜索到音乐后，用户可以选择"播放"，也可以选择"下载"

C. 使用百度搜索搜索到视频后，用户可以选择"播放"，也可以选择"下载"

D. 默认情况下打开百度搜索显示的是网页搜索

二、填空题

1. 搜索引擎的工作原理大致可以分为＿＿＿＿＿＿＿＿＿＿、＿＿＿＿＿＿＿＿＿＿和＿＿＿＿＿＿＿＿＿＿三大步。

2. 百度的网址为＿＿＿＿＿＿＿＿＿＿＿＿＿＿＿＿。

3. 中文雅虎的网址为＿＿＿＿＿＿＿＿＿＿＿＿＿＿＿。

4. 搜狗的网址为＿＿＿＿＿＿＿＿＿＿＿＿＿＿＿＿。

5. 百度的布尔检索，是指通过标准的布尔逻辑关系来表达关键词与关键词之间逻辑关系的一种查询方法，其中＿＿＿＿＿＿称为逻辑"与"，＿＿＿＿＿＿称为逻辑"或"，＿＿＿＿＿＿称为逻辑"非"，＿＿＿＿＿＿表示两个关键词之间的词距不能超过n个单词。

6. 通配符中的＿＿＿＿＿＿表示匹配的数量不受限制，通配符中的＿＿＿＿＿＿匹配的字符数要受到限制。

三、简答题

1. 简述搜索引擎在中国的发展。

2. 对于在网上搜索不到自己需要结果的问题，用户如何利用百度在网上求助？

3. 中文雅虎搜索有哪些特点？

4. 搜狗搜索有哪些特点？

5. 说一说你所知道的百度搜索技巧。

6. 搜索引擎按其工作方式可分几类？

四、实践题

练习1：使用百度搜索在网上搜索自然风光的壁纸图片，并将其中喜爱的图片保存到本地硬盘中。

练习2：使用百度搜索在网上搜索经典老歌，并下载几首喜爱的歌曲到本地硬盘上。

练习3：使用百度搜索在网上搜索2013年播映的韩国喜剧电影，并播放其中一个电影。

练习4：使用百度搜索搜索一下北京的旅游景点。

模块 05 电子邮箱的申请与使用

你知道吗？

电子邮件，electronic mail，简称E-mail，又称电子信箱。电子邮件是指用电子手段传送信件、单据、资料等信息的通信方法，通过网络的电子邮件系统，用户可以用非常低廉的价格，以非常快速的方式，与世界上任何一个角落的网络用户联系，这些电子邮件可以是文字、图像、声音等各种方式。同时用户可以得到大量免费的新闻、专题邮件，并实现轻松的信息搜索。

学习目标

- 认识电子邮件
- 申请免费电子邮箱
- 以Web方式使用和管理电子邮件
- 使用Foxmail收发邮件

项目任务5-1 认识电子邮件

探索时间

说一说你对电子邮件的了解。

动手做1 了解电子邮件

电子邮件简称E-mail，网友一般称之为"伊妹儿"。从这个非常特殊的名字就可以看出网上冲浪者对电子邮件是多么的宠爱。可以说，E-mail服务对于Internet的迅速普及起到了极其重要的作用。目前，电子邮件是计算机网络中应用最广泛的一项服务，它可以用通用的电子邮件客户端软件处理邮件，或者是基于Web页直接用WWW浏览的方式处理邮件。

传统的邮件的邮寄方法如图5-1所示。

传统的邮件的邮寄主要有以下步骤：

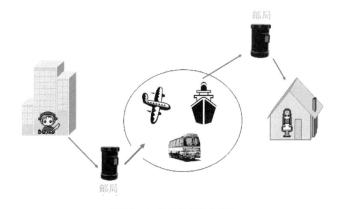

图5-1 传统邮件的邮寄方法

Internet应用

Step **01** 将邮件投入邮筒。

Step **02** 邮递员取信并送到本地邮局。

Step **03** 本地邮局分捡后用邮车发至目的地邮局。

Step **04** 目的地邮局分捡后由邮递员送到收件人或单位。

电子邮件的传送方法如图5-2所示。

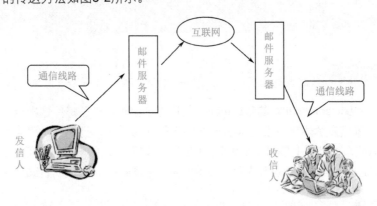

图5-2　电子邮件传送方法

电子邮件具有以下特点：

（1）发送速度快：电子邮件的首要优点是速度快。利用电子邮件发送邮件比通过邮局发送邮件（即使是特快专递）要快得多。一般情况下发送的邮件，快则几秒钟慢则几个小时后就会到达对方。如果对方收到邮件后，立即回信，则当天就能收到对方发来的邮件。

（2）信息多样化：目前的E-mail应用程序都支持MIME编码格式，所以除了作为信件交换工具以外，还可用于传递文件、图形、图像和语音等信息，它不仅是私人之间进行信息交流的优秀工具，还可被用来进行商业活动，如产品推销、电子购物、图书杂志订阅等。

（3）使用方便：电子邮件的使用非常简单，对于支持POP3的电子邮件，用户只要在用户的机器上安装一种电子邮件客户端软件，并掌握其简单的使用方法，通常只需用鼠标单击某个按钮，就可以轻松自如地进行撰写、发送、接收、阅读及回复等操作；而对于基于Web的电子邮件，使用就更为简单了，用户只要会使用WWW浏览并且知道该电子邮件的服务器地址就可以了。由于电子邮件系统采用将电子邮件存储在用户的邮件服务器中，而不直接发给用户，并且邮件服务器一般是一天24小时不间断地为用户提供服务，所以用户可以方便地在任意时间、任意地点、甚至是在旅途中都可以收取E-mail，从而跨越了时间和空间的限制。另外，伊妹儿可以将邮件一次发给一个人，也可以通过"抄送"功能发给许多人，同时实现一对一和一对多的通信。

（4）成本低廉：用户花费极少的市内的电话费用即可将重要的信息发送到远在地球另一端的用户手中。

（5）功能强大：E-mail不仅可以用来给用户网上的亲朋好友发电子邮件，而且还可以利用电子邮件列表服务订阅新闻、股市行情，参与专题讨论、电子论坛，用户甚至还可以用伊妹儿访问Web页或者下载软件，进行各种信息资源的查询等。

（6）个性化：书写电子邮件没有固定的格式，用户可以随意选用不同的信纸，加上喜欢的音乐，使用特殊的符号来表现心情，甚至可以录下自己的话传递给远方的朋友，用户可以尽情舒展自己的个性。

⁂ 动手做2 认识电子邮件的地址

要发送电子邮件，首先必须知道收件人的邮箱地址，就像平常发普通信件时要在收信人栏内填写收信人的地址一样。Internet中的每个电子邮箱都有一个唯一的邮箱地址。当用户需要发送电子邮件时，首先将自己的计算机与电子邮件服务器连接，使用邮件客户程序，按照统一规定的格式起草、编辑与发送写好的电子邮件，邮件客户程序同时也能接收和转发邮件，并且还可将邮箱进行必要的管理。

电子邮件地址的格式是：user@mail-server-name，其中user是收件人的账号，mail-server-name是收件人的电子邮件服务器名，它可以是域名或用十进制数字表示IP地址。现在用户较常用的电子邮件地址的格式如：×××@126.com，这是在126网站的免费邮件服务器上申请的账号。该地址表示在电子邮件服务器126.com上有账号zhaoshulin的电子邮箱，当有邮件发送到该邮箱后，申请邮箱的人就可以接收邮件了。电子邮箱地址的账号由英文字母、0～9的数字、下划线组成，开头必须是英文字母，不能用汉字或运算符号。

电子邮件地址是个人在互联网上冲浪的通行证。网络上流行的博客、论坛、小组、小站、微博、图册等，无不是以电子邮箱为注册依据的。记着我们自己的电子邮件地址，可以在网络上通行。

获得电子邮件地址后，就可以给对方发送电子邮件。同样，我们可以为相对应的电子邮件地址设置白名单或者黑名单。进入白名单的电子邮件地址，对方发出的所有电子邮件，可以直接投递到自己的收件箱中；设置为黑名单的电子邮件地址，所有发送的邮件都不会进入自己的收件箱中。

⁂ 动手做3 认识电子邮件的相关协议

Internet网络通信需要遵循一定的协议，电子邮件传输也是如此。当前常用的电子邮件协议有SMTP、POP3、IMAP，它们都隶属于TCP/IP协议簇，默认状态下，分别通过TCP端口25、110和143建立连接。

1．SMTP

SMTP的全称是"Simple Mail Transfer Protocol"，即简单邮件传输协议。它是一组用于从源地址到目的地址传输邮件的规范，通过它来控制邮件的中转方式。SMTP 属于TCP/IP协议簇，它帮助每台计算机在发送或中转信件时找到下一个目的地。SMTP 服务器就是遵循SMTP协议的发送邮件服务器。SMTP认证，简单地说就是要求必须在提供了账户名和密码之后才可以登录SMTP 服务器，这就使得那些垃圾邮件的散播者无可乘之机。增加 SMTP 认证的目的是为了使用户避免受到垃圾邮件的侵扰。

SMTP目前已是事实上的E-mail传输的标准。

2．POP

POP邮局协议负责从邮件服务器中检索电子邮件，它要求邮件服务器完成下面几种任务之一：从邮件服务器中检索邮件并从服务器中删除这个邮件；从邮件服务器中检索邮件但不删除它；不检索邮件，只是询问是否有新邮件到达。POP支持多用户互联网邮件扩展，后者允许用户在电子邮件上附带二进制文件，如文字处理文件和电子表格文件等，实际上这样就可以传输任何格式的文件了，包括图片和声音文件等。在用户阅读邮件时，POP命令所有的邮件信息立即下载到用户的计算机上，不在服务器上保留。

POP3（Post Office Protocol 3）即邮局协议的第3个版本，是因特网电子邮件的第一个离线协议标准。

3．IMAP

互联网信息访问协议（IMAP）是一种优于POP的新协议。和POP一样，IMAP也能下载邮件、从服务器中删除邮件或询问是否有新邮件，但IMAP克服了POP的一些缺点。例如它可以决定客户机请求邮件服务器提交所收到邮件的方式，请求邮件服务器只下载所选中的邮件而不是全部邮件。客户机可先阅读邮件信息的标题和发送者的名字再决定是否下载这个邮件。通过用户的客户机电子邮件程序，IMAP可让用户在服务器上创建并管理邮件文件夹或邮箱、删除邮件、查询某封信的一部分或全部内容，完成所有这些工作时都不需要把邮件从服务器下载到用户的个人计算机上。

支持IMAP的常用邮件客户端有：ThunderMail、Foxmail、Microsoft Outlook等。

项目任务5-2 申请免费电子邮箱

探索时间

某公司职员小王接到了一个参加会议的通知，公司老总同意小王参会。在参会前小王需要使用电子邮件向会议主办方发送一份会议回执表，以方便会议主办方统计人数，安排食宿。不过小王还没有电子邮箱，小王如何做才能在网上获取一个电子邮箱？

动手做1　了解免费邮件服务商

互联网的不断普及和发展，极大地改变了人们的信息交流方式。无论是学习、工作还是其他商务活动，电子邮件都已经成为越来越多人的选择，成为网民之间最主要的通信方式之一。但目前在电子邮箱领域提供邮箱业务的服务商众多，免费、收费及企业邮箱三足鼎立。

付费电子邮箱和企业邮箱空间大，安全措施好，并且功能齐全。免费电子邮箱的空间没有付费电子邮箱和企业邮箱大，并且安全性也不强，但对于一般的家庭用户来说免费电子邮箱足可以满足需求。

下面是目前国内的几个主流免费电子邮箱：

（1）Gmail电子邮箱。

（2）Live Hotmail电子邮箱。

（3）Yahoo电子邮箱。

（4）sohu电子邮箱。

（5）sina电子邮箱。

（6）网易电子邮箱。

（7）QQ电子邮箱。

（8）tom电子邮箱。

（9）21cn电子邮箱。

动手做2　申请免费邮箱

这里以在126邮箱网站上申请免费邮箱为例，介绍一下电子邮箱申请的大体步骤：

Step 01 在浏览器地址栏中输入126邮箱网址，按下Enter键即可连接到该网站，在网站的最上方提供了电子邮箱功能，如图5-3所示。

Step 02 单击"邮箱账号登录"选项，然后单击"注册"按钮，打开用户注册界面，如图5-4所示。在网页中按照注意事项仔细填写各项内容。

Step 03 内容填写完毕，单击"立即注册"按钮，即可注册成功。

图5-3　126网站的首页

图5-4　注册页面

提示

目前由于手机上网的普及现在很多网站都推出了手机邮服务，网易的手机邮提供网页端和手机客户端两种使用方式。手机邮网页端为用户提供手机号码邮箱服务，包括激活手机号码邮箱、提供异域邮箱账号绑定、通信录同步、备份和管理、遥控手机收发短信、天气预报查询和订阅、定时发送备忘邮件和设置等基础服务。在126网站的首页单击"手机号登录"选项，然后单击"注册"按钮，打开激活您的手机号码邮箱界面，如图5-5所示。输入自己的手机号码，然后单击"下一步"按钮，根据提示完成注册即可开通手机号码邮箱。

图5-5　手机号码注册邮箱

巩固练习

在163网站上申请一个免费邮箱。

项目任务5-3　以Web方式使用和管理电子邮件

探索时间

小王在申请了免费邮箱后，如何做才能将填写好的会议回执表（电子表格形式）发送到对方的邮箱中？

>> 动手做1　阅读邮件

在http://www.126.com主页的邮箱账号登录文本框中输入用户名，在密码文本框中输入设置的密码，然后单击"登录"按钮，即可登录到用户的电子信箱。登录到电子邮箱窗口后，窗口会提示未读邮件数，如图5-6所示。

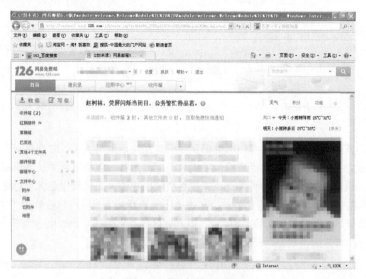

图5-6　电子邮箱主页面

在邮箱中阅读邮件的具体方法如下。

Step 01 在邮箱窗口左侧的文件夹选项组中单击"收件箱"按钮，打开收件箱窗口，如图5-7所示。

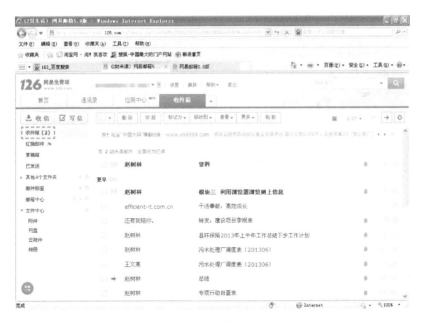

图5-7 收件箱窗口

Step 02 在收件箱窗口中列出了收件箱中的所有邮件，并在未读邮件的旁边显示 ✉ 图标。

Step 03 在主题或发件人列表中单击要阅读的邮件，即可打开阅读邮件窗口，如图5-8所示，此时用户就可以阅读邮件的内容了。

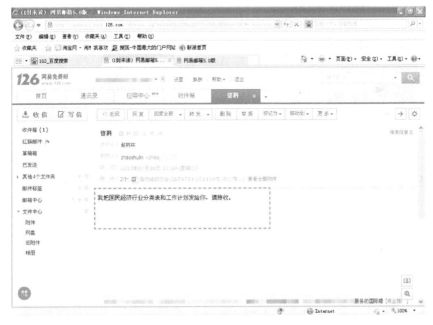

图5-8 阅读邮件

提示

有的电子邮件附带有附件,将鼠标指向
邮件底部的附件出现一个工具栏,如图
5-9所示。在工具栏中用户可以选择下载
附件、打开附件或者预览附件。由于附
件以文件的形式存在,因此查看附件最
好的方法是下载到本地硬盘上查看。如
果邮件中含有多个附件,用户可以单击
附件图标右侧的"打包下载"按钮一次
下载全部附件。

图5-9　邮件的附件

❖ 动手做2　撰写和发送邮件

撰写和发送邮件的方法也很简单,具体步骤如下。

Step 01 在邮箱窗口左侧单击"写信"按钮,打开新邮件窗口,如图5-10所示。

Step 02 在收件人文本框中填写收件人的电子邮件地址,如果收件人的电子邮件地址在右侧的通讯录列表中,用户可以直接在通讯录列表中单击收件人的姓名,则该收件人的电子邮件地址自动添加到收件人文本框中。

图5-10　新邮件窗口

图5-11　发送成功窗口

Step 03 在主题文本框中填写邮件的主题,然后在正文文本框中填写邮件内容。

Step 04 审核无误后,单击"发送"按钮,即可将邮件发送出去,发送操作完成后打开发送成功窗口,如图5-11所示。

Step 05 单击"返回"按钮返回到电子邮箱窗口,单击"再写一封"按钮,再次打开新邮件窗口,用户可以继续撰写邮件。

在发送邮件时，用户可以同时向多个人发送邮件。在收件人文本框中用户可以填写多个收件人的电子邮件地址，单击发件人右侧的"添加抄送"按钮，用户还可以添加抄送人，当然抄送人也可以是多个人的电子邮件地址，如图5-12所示。

图5-12 向多人发送邮件

提示

多人发送（抄送）的电子邮件地址使用";"分隔。收件人是邮件接收者或内容的执行者。抄送人就是相关信息的知晓人，主要是告知的作用。比如此事你告诉对方如何处理，同时让你的主管或需协同工作人知晓你的意见，以及事情的经过。在这种抄送方式中，"收件人"知道发件人把该邮件抄送给了另外哪些人。密件抄送和抄送的唯一区别就是它能够让各个收件人无法查看到这封邮件同时还发送给了哪些人。

动手做3 发送附件

在发送电子邮件时，除了信件的内容以外，用户还可以采用附件的方法将资料或其他的文件发送给他人，具体方法如下：

Step 01 在邮箱窗口左侧单击"写信"按钮，打开新邮件窗口。

Step 02 在收件人文本框中填写收件人的电子邮件地址，在主题文本框中填写邮件的主题，然后在正文文本框中填写邮件内容。

Step 03 在撰写和发送窗口中单击"添加附件"按钮，打开"选择要上载的文件"对话框，如图5-13所示。

Step 04 在文件列表中选择要插入的文件，然后单击"打开"按钮将文件以附件的方式添加到邮件中，如图5-14所示。用户还可以继续单击"添加附件"按钮添加其他的附件。

Step 05 单击"发送"按钮，附件随同邮件一起被发送。

图5-13 选择要上载的文件

图5-14 添加附件的效果

提示

在添加附件后，如果用户感觉附件添加错误，可以单击附件右侧的"删除"按钮，将添加的附件删除。

动手做4 使用信纸

在发送邮件时默认情况下是不使用信纸的，为了使自己发送的邮件不呆板，用户可以使用系统提供的信纸，具体方法如下：

Step 01 在邮箱窗口左侧单击"写信"按钮，打开新邮件窗口。

Step 02 在收件人文本框中填写收件人的电子邮件地址，在主题文本框中填写邮件的主题。

Step 03 单击右侧的"信纸"按钮，打开信纸列表，如图5-15所示。

图5-15 应用信纸的效果

Step 04 在列表中选择合适的信纸，则该信纸被应用到邮件正文中，在信纸上输入邮件正文，如图5-15所示。

Step 05 单击"发送"按钮。

动手做5　回复电子邮件

在阅读电子邮件后，用户可以对该邮件进行回复，具体方法如下：

Step 01　如果需要回复邮件给发件人可以在阅读邮件窗口中单击上方的"回复"按钮，打开回复邮件页面，如图5-16所示。

图5-16　回复邮件

Step 02　原发件人地址自动添加到收件人地址栏中，在主题文本框中将显示原邮件的主题，并且会在主题前加Re:，编辑邮件内容。

Step 03　单击"发送"按钮即可完成回复。

提示

在"回复"按钮的右侧还有一个"回复全部"按钮，回复是只回复给发件人，回复全部则回复发件人的同时还回复其他的收件人。

动手做6　转发电子邮件

在阅读电子邮件后，用户可以对该邮件进行转发，具体方法如下：

Step 01　如果需要转发邮件给其他人可以在阅读邮件窗口中单击上方的"转发"按钮，打开转发邮件页面，如图5-17所示。

Step 02　原邮件主题被添加主题文本框中并会在主题前加Fw:，原邮件正文内容将自动添加到邮件正文的文本框内，用户可以对原邮件的正文进行修改。

Step 03　在收件人文本框中输入收件人地址。

Step 04　单击"发送"即可完成转发。

在转发邮件时，原邮件的附件也被一同发送，当然用户也可以重新添加附件，或者删除附件。

图5-17　转发邮件

提示

单击"转发"按钮的右侧下三角箭头，打开一个列表，在列表中用户还可以选择"原信转发"和"作为附件转发"，如图5-18所示。单击"原信转发"在打开的收件人地址窗口中输入收件人的地址，然后单击"发送"按钮即可将原信转发。如果单击"附件转发"则该邮件被作为一个附件转发。

图5-18　选择转发的方式

动手做7　建立通讯录

默认情况下，使用126邮箱发送一个邮件后，如果收件人的地址不在通讯录中，系统会自动将该收件人的地址加入到通讯录中。

建立通信录的基本方法如下。

Step 01 在126邮箱中单击"通讯录"按钮，进入通讯录窗口，如图5-19所示。

图5-19　通讯录窗口

Step 02　如果单击左侧的"所有联系人"则显示出所有联系人，如果单击"联系组"中的组，则显示出该组中的联系人。

Step 03　如果要添加联系人，单击"新建联系人"按钮，打开新建联系人窗口，如图5-20所示。

Step 04　输入联系人的姓名、电子邮件、手机号码等选项，单击分组右侧的"请选择"按钮选择联系人的分组。

Step 05　输入完毕，单击"确定"按钮，则联系人创建成功。

Step 06　如果要重新编辑联系人，在联系人列表中找到要编辑的联系人，然后单击其右侧的"编辑"按钮"　"，打开编辑联系人窗口，如图5-21所示。在窗口中用户可以对联系人的信息重新编辑。

图5-20　新建联系人 　　　　　　　　　　　　图5-21　编辑联系人

Step 07　如果要删除联系人，在联系人列表中选中要删除的联系人，单击"删除"按钮。

Step 08　如果要创建分组，单击联系组右侧的"新建组"按钮"＋"，打开如图5-22所示的窗口。在分组名称框中输入分组的名称，然后单击"保存"按钮。分组完毕，单击"返回"按钮。

图5-22　创建组

>> 动手做8　邮箱的设置

用户可以根据需要对邮箱进行设置，在126邮箱中单击"设置"按钮，进入设置页面，如图5-23所示。

图5-23　设置页面

在左侧的列表中用户选择不同的分类，然后进行相关的设置。如单击"基本设置"选项，则可以对邮箱的基本选项进行设置。例如，这里要设置收件箱自动回复功能，在自动回复按钮后选中"在以下时间内启用"复选框，然后在下面输入自动回复的语句，并设置启用自动回复的时间，如图5-24所示。设置了自动回复功能后，当收到来信时，系统会自动回复设置的内容给对方。则在用户休假或出差期间，无法及时查看邮件的情况下，可以提醒对方我已收到邮件。

图5-24　设置自动回复功能

提示　　　　　　　　　　　　　　　　　　　　　　　　　● ● ●

本项目是以126邮箱为例讲解的，不同的邮箱使用方法以及设置方法可能有所不同。

项目任务5-4　使用Foxmail收发邮件

探索时间

由于工作的关系小王拥有两个电子邮箱，而且要频繁的处理电子邮件，小王使用Foxmail客户端是否能同时处理两个电子邮箱中的电子邮件？

动手做1　配置账号

Foxmail是一个中文版电子邮件客户端软件，支持全部的 Internet 电子邮件功能。该程序小巧，可以快速地发送、收取、解码信件。这里以Foxmail 7.0为例介绍一下Foxmail的使用方法。

在使用Foxmail之前，首先要完成的工作是在Foxmail中建立自己的邮件账号，只有对Foxmail进行了配置，用户才能使用它的各项功能。Foxmail支持多账号，用户可以在Foxmail中创建一个或多个账号。在Foxmail中创建账号的基本方法如下：

Step 01　如果用户是第一次运行Foxmail，系统会自动启动新建账号向导，如图5-25所示，引导用户添加第一个邮件账户。

Step 02　在Email地址文本框中输入一个已有的电子邮箱地址，如果没有电子邮箱用户可以单击"注册一个QQ邮箱"链接注册一个邮箱。

图5-25　输入电子邮箱地址

Step 03　单击"下一步"按钮，进入账号对话框，如图5-26所示。在邮箱类型列表中系统自动识别出了邮箱的类型，一般情况下这个不需要修改。在密码文本框中输入密码，如果选中记住密码则在收发邮件时不需要在输入密码，否则在收发邮件时则需要输入密码。

Step 04　单击"下一步"按钮，进入账号对话框，如图5-27所示。在对话框中如果单击"测试"按钮则开始测试邮箱，如果单击"再建一个账号"按钮则打开向导新建账号。单击"完成"按钮，则完成配置。

图5-26　选择邮箱类型

图5-27　"完成"对话框

提示

如果单击"修改服务器"按钮，则进入向导的"服务器配置"对话框，如图5-28所示。在对话框中用户可以对电子邮件的服务器进行配置，系统会自动识别电子邮件的服务器类型，一般情况下不要随意修改服务器类型，以免出错。

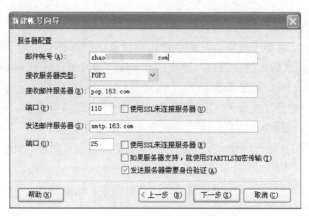

图5-28 "服务器配置"对话框

动手做2　接收邮件

接收电子邮件是Foxmail的最主要功能之一，在Foxmail中，如果接收到电子邮件，会放在收件箱中等待阅读和处理，并提供了一些功能如转发、回复等。

接收电子邮件的方法很简单，首先确认已经连入Internet，然后启动Foxmail进入主界面。如果用户在Foxmail中创建了多个账号，则在左侧的邮件窗口显示出创建的账号，如图5-29所示。在邮件窗口中选中要接收邮件的账号，然后选择"文件"菜单中的"收取当前邮箱中的邮件"命令或单击工具栏上收取右侧的下三角箭头在列表中选择要接收邮件的账号，即刻开始接收邮件。

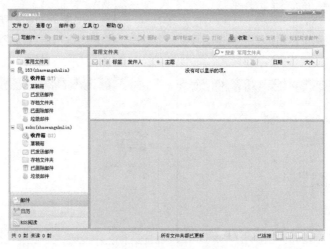

图5-29 Foxmail主界面

在接收邮件时将会显示如图5-30所示的对话框，提示接收邮件的进度，邮件接收结束后，在任务栏右侧的Foxmail图标上会出现接收到邮件的提示。

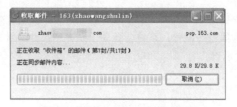

图5-30 提示接收邮件进度对话框

提示

如果选择"文件"菜单中的"收取所有邮箱中的邮件"命令或单击工具栏上"收取"按钮,则收取所有账号邮箱中的邮件。

∴ 动手做3 阅读邮件

使用 Foxmail能够脱机阅读邮件,邮件下载完后,用户可以在单独的窗口或预览窗格中对邮件进行阅读。在Foxmail窗口中单击文件夹列表中的"收件箱",即可打开图5-31所示的收件箱窗口。在收件箱的邮件区会显示收件箱中的所有邮件,并显示了邮件的发件人、邮件的大小、主题等信息。已阅读过的邮件显示正常字体,已下载而尚未阅读的邮件显示为粗体。单击邮件列表中的任何一个邮件,在下面的预览窗格中都会显示该邮件的内容,这对于有大量邮件要阅读的用户来说特别方便。

使用预览窗口,只能在很小的一个窗口显示电子邮件内容,如果该邮件的内容较多,使用这种阅读方式会很不舒服,此时可以在邮件项目上双击鼠标,即可打开该邮件窗口,如图5-32所示。邮件上部显示出邮件的发件人、收件人、发送时间和主题,下面的文本框中显示邮件正文。在邮件窗口中可以阅读、打印、另存或删除邮件。

图5-31　收件箱窗口　　　　　　　　图5-32　邮件窗口

如果用户的邮件中包含附件,则用户可以在邮件窗口预览附件,也可将附件下载到本地硬盘上查看。在邮件的附件上单击鼠标,则会显示出"预览附件"按钮,如图5-33所示。单击"预览附件"按钮,则在窗口中预览附件,如图5-34所示。

图5-33　邮件附件　　　　　　　　　图5-34　预览附件

在附件上单击鼠标右键，在快捷菜单中如果选择"另存为"命令，则打开"另存为"对话框，用户可以选择将附件保存。如果邮件中包含多个附件，在附件上单击鼠标右键，在快捷菜单中如果选择"批量处理附件"命令，则打开"批量处理附件"对话框，如图5-35所示。在对话框中用户可以选择要保存的附件，然后将其下载保存。

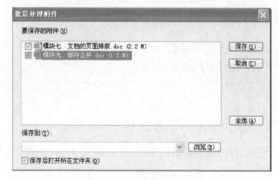

图5-35 "批量处理附件"对话框

动手做4 撰写邮件

使用Foxmail发送电子邮件，首先应新建一封电子邮件，创建的邮件应包括收件人地址、主题、信件正文等内容。撰写发送电子邮件的基本方法如下：

Step 01 在Foxmail窗口中，选择"邮件"菜单中的"写新邮件"命令，或单击工具栏中的"写邮件"按钮，即可打开写邮件窗口，如图5-36所示。

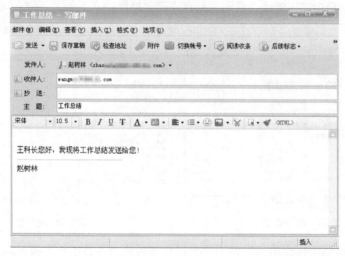

图5-36 写邮件窗口

Step 02 在收件人文本框中输入收件人的电子邮件地址，如果用户要同时发送给多个收件人，可在电子邮件地址中分别用逗号或分号分隔。

Step 03 如果在发送时需要抄送给别人一份，在抄送文本框中输入抄送人的电子邮件地址。

Step 04 在主题文本框中输入邮件主题，当收件人收到邮件时，可以在收件箱中看到邮件的主题。

Step 05 在正文区中输入邮件正文，用户可以利用正文上方的工具栏对邮件正文的字体格式进行设置。另外还可以利用"表情 ☺"工具在邮件正文中插入表情；可以利用"图片 ▨"工具在邮件正文中插入图片。

Step 06 选择"邮件"菜单中的"增加附件"命令或者单击工具栏上的"附件"按钮，打开"打开"对话框，如图5-37所示。

Step 07 在对话框中选择要随信发送的附件文件，单击"打开"按钮，完成附件的添加。在添加附件后用户会发现在新邮件内容的下方多出附件一栏，如图5-38所示。

Step 08 单击工具栏上的"发送"按钮，将邮件发送。

图5-37 "打开"对话框

图5-38 添加附件

提示

如果用户的计算机没有与因特网相连，单击工具栏上的"发送"按钮则会将新建的邮件放在发件箱文件夹中，等到下一次连接时才发送出去。

注意

输入邮件正文时有两种格式：一种是文本格式；另一种是超文本格式，选择超文本格式时可以为邮件正文的文本设置简单的格式。用户可以在"格式"菜单中选择这两种格式之一，默认情况下新邮件采用超文本格式。

动手做5 回复邮件

回复邮件与撰写电子邮件相似，但回邮件是针对已收到的某个电子邮件编写的，所以在撰写邮件时步骤可以简化，回复邮件的基本方法如下：

Step 01 在Foxmail窗口的收件箱中，选中要回复的邮件。

Step 02 在工具栏中单击"回复"按钮，或者选择"邮件"菜单中的"回复发件人"命令，打开回复邮件窗口，如图5-39所示。

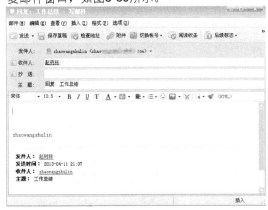

图5-39 回复邮件

Step 03 在收件人文本框中显示了收件人名字（即原发件人的名字），在发送邮件时该名字会自动转换为原发件人的电子邮件地址。

Step 04 在主题文本框中显示了回复邮件的主题。

Step 05 在邮件正文区也自动生成了某些内容，包括原邮件的正文、发件人、发件时间等信息。用户可键入新邮件正文，也可编辑自动生成的正文。

Step 06 单击工具栏上的"发送"按钮即可将

回复的邮件发送出去。

动手做6　转发邮件

在收到一封邮件后如果需要，用户可以将它转发给他人，它与回复电子邮件相类似。转发电子邮件的基本方法如下：

Step 01 在Foxmail窗口的收件箱中，选中要转发的邮件。

Step 02 在工具栏中单击"转发"按钮，或者选择"邮件"菜单中的"转发邮件"命令，打开转发邮件窗口，如图5-40所示。

Step 03 在收件人输入框中输入收件人的电子邮件地址。在主题处自动生成了转发邮件的主题。

Step 04 在邮件正文处自动生成了邮件的正文，包括原邮件的正文、插入的附件、发件

图5-40　转发电子邮件

人、发件时间等信息。用户可键入新的邮件正文，也可编辑自动生成的正文。

Step 05 单击工具栏上的"发送"按钮即可将转发的邮件发送出去。

动手做7　地址簿

在Foxmail窗口中选择"工具"菜单中的"地址簿"命令，打开地址簿，如图5-41所示。在左侧的文件夹窗口显示了地址簿中的文件夹，用户可以根据需要创建或删除文件夹，并在相应的文件夹中添加联系人。

如在本地文件夹下添加一个"亲属"的文件夹，则要在文件夹列表中首先选中本地文件夹，然后单击工具栏上的"新建文件夹"按钮，打开"输入"对话框，如图5-42所示。在对话框中输入"亲属"，单击"确定"按钮，即可在本地文件夹下添加一个"亲属"的文件夹，如图5-43所示。

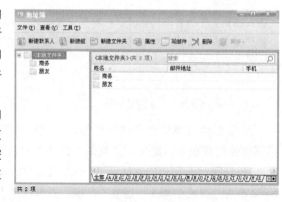

图5-41　地址簿

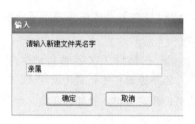

图5-42　"输入"对话框

图5-43　新建文件夹

　　用户可以将不同的联系人添加到不同的文件夹中，如将赵旭的联系人添加到"亲属"文件夹中，首先在文件夹列表中选中"亲属"，然后单击"新建联系人"按钮，打开"新建联系人"对话框，如图5-44所示。在对话框中输入联系人的信息，如果联系人有多个电子邮箱，则输入一个电子邮箱后单击"添加"按钮，然后输入第二个电子邮箱，再单击"添加"按钮。多个电子邮箱添加完毕，用户可以在列表中选中一个电子邮箱，然后单击"设为默认"按钮将其设置为默认电子邮箱。输入基本信息后，用户还可以在添加到下拉列表中选择添加到的文件夹。

图5-44　"新建联系人"对话框

图5-45　"选择地址"对话框

　　创建好联系人后，用户就可以使用地址簿来发送邮件了，在写邮件窗口中单击"收件人"按钮，打开"选择地址"对话框，如图5-45所示。首先选中文件夹，然后在联系人列表中选中联系人，单击收件人左侧的"添加"按钮"－>"，即可将其添加到收件人列表中，按照相同的方法，用户可以添加多个收件人，并添加抄送人。添加完毕，单击"确定"按钮，则在写邮件窗口收件人列表中将会显示添加的联系人。

提示

如果一个联系人有多个电子邮箱，那么再添加联系人时使用的是默认电子邮箱。

图5-46　联系人右键菜单

　　在地址簿的联系人列表中选中一个联系人，然后单击鼠标右键，打开一个快捷菜单，如图5-46所示。在快捷菜单中用户可以选择"从当前文件夹中删除"或者"从所有文件夹中删除"；如果单击"属性"命令则打开联系人属性对话框，在对话框中用户可以对联系人的信息重新编辑；如果单击"写邮件"命令，则打开"写邮件"窗口；如果联系人具有多个电子邮箱，选择"写邮件"到命令，然后可以选择给联系人的那个邮箱

发送电子邮件。

动手做8　Foxmail的使用技巧

Foxmail凭着其良好的中文支持性、强大的邮件管理功能以及简单实用的可操作性备受广大读者的喜爱，本操作就为用户介绍一下Foxmail的使用技巧。

1．账号管理

在Foxmail中用户可以创建多个账号，用户可以对不同的账号设置不同的属性。选择"工具"菜单中的"账号管理"命令，打开"账号管理"对话框，如图5-47所示。在账号列表中显示了Foxmail当前存在的账号，单击"新建"按钮，则打开新建账号向导，用户可以创建新的账号。在列表中选中一个账号，单击"删除"按钮，则可以删除选中的账号。

图5-47　账号管理对话框

2．设置账号口令

在多人使用一个Foxmail软件的情况下，用户可以为不同的账号设置访问口令。在Foxmail主界面窗口中选中要设置口令的账号，然后在上面单击鼠标右键，在打开的快捷菜单中选择"设置账户访问口令"命令，打开设置账户访问口令对话框，如图5-48所示。

在对话框中输入访问口令，这样在访问该账户时会打开如图5-49所示的请输入口令对话框，在对话框中输入用户的口令，单击"确定"按钮即可访问该账户。

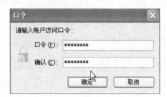　　　　

图5-48　设置账户访问口令对话框（1）　　　图5-49　设置账户访问口令对话框（2）

提示

如果用户忘记了设置的口令，单击请输入口令对话框中的"忘记口令"，打开如图5-50所示的对话框。在对话框中输入该账户接收邮件的密码，即可清除口令。

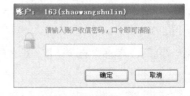

图5-50　清除账户口令

3．设置收取邮件的间隔时间

用户可以设置收取邮件的间隔时间，让Foxmail自动收取邮件，收到新邮件后Foxmail会提醒用户收到新的邮件。

在Foxmail的主窗口中的账户上单击鼠标右键，在快捷菜单中选择"属性"命令，打开"账号管理"对话框，在对话框中选择"服务器"选项卡，如图5-51所示。在每隔后面的文本框中输入自动收取邮件的间隔时间，单击"确定"按钮。

图5-51　设置收取邮件的间隔时间

4．设置回复地址

在使用Web电子邮箱时如果回复邮件，则默认的回复邮箱是发送邮件的电子邮箱，在Foxmail中用户可以设置回复到其他的电子邮箱中而不是发送邮件的电子邮件。

在Foxmail的主窗口中的账户上单击鼠标右键，在快捷菜单中选择"属性"命令，打开"账号管理"对话框，在对话框中选择"高级"选项卡，如图5-52所示。在回复地址文本框中输入邮件的回复地址，单击"确定"按钮。

图5-52　设置回复地址

5．设置信纸

在Foxmail中用户一样可以使用信纸，在Foxmail的主窗口中的账户上单击鼠标右键，在快捷菜单中选择"属性"命令，打开"账号管理"对话框，在对话框中选择"信纸"选项卡，如

图5-53　设置信纸属性

图5-53所示。单击"浏览"按钮打开"选择默认信纸"对话框，在对话框中用户可以选择该账户使用的信纸。

6．更改写邮件和回复/转发邮件的默认字体

在写邮件和回复/转发邮件时如果用户不对字体进行设置，则使用账号默认的字体，用户可以更改账号默认的字体。

在Foxmail的主窗口中的账户上单击鼠标右键，在快捷菜单中选择"属性"命令，

打开"账号管理"对话框，在对话框中选择"字体"选项卡，如图5-54所示。单击发邮件时后面的"编辑"按钮，则可以对写邮件时使用的默认字体进行设置；单击回复/转发时后面的"编辑"按钮，则可以对回复/转发时使用的默认字体进行设置。

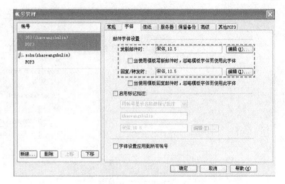

图5-54　设置默认字体

提示

字体前有"@"如"@微软雅黑"，代表默认让字体旋转90°，请慎重选择。

7．添加后续标志

如果要提醒自己在邮件或联系人上执行后续操作，例如请回复、请打电话或者为自己和收件人设置提醒等，可添加后续标志。添加后续标志的具体方法如下：

Step 01 在写邮件的窗口中，单击"后续标记"按钮，打开一个列表，如图5-55所示。

Step 02 在列表中用户可以选择需后续操作的选项，如果需要对收件人设置提醒，可以选择"自定义标志"命令，打开"自定义后续标志"对话框，如图5-56所示。在对话框中，用户可以设置标志文字，还能设定截止日期和提醒时间。

图5-55　设置后续标志

图5-56　"自定义后续标志"对话框

Step 03 设置完成后，发送该邮件。在已发送邮件中，有后续标志的提示（"等待回复"）和反馈情况（"*人已回复，还有*人未回复"），如图5-57所示。

Step 04 对方打开该邮件，将会收到后续标志的提醒，如图5-58所示。

图5-57　后续标志的提示

图5-58　后续标志的提醒

8．分别发送

如果用户想发封邮件给多个好友，但又希望对方看到收件人里只有自己的邮件地址，让

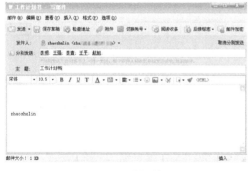

每个人都感觉到是您单独发送的，那么可以使用"分别发送"功能。"分别发送"功能可以帮用户快速的群发邮件给多个人，每个收件人将收到单独分送给他的邮件。

在写邮件窗口单击"发送"按钮后方的下三角箭头，选择下拉菜单里的设置"分别发送"命令，则收件人一栏变成了"分别发送"，如图5-59所示。在分别发送栏中添加收件人的电子邮件地址，对邮件编辑完毕后单击"发送"按钮。

图5-59　分别发送邮件

9．邮件加密

Foxmail 7推出"邮件加密"功能，收件人需要密码才能查看邮件内容。在写邮件界面编辑完邮件内容后，单击工具栏的"邮件加密"按钮，打开"邮件加密"对话框，在对话框中用户可以设置密码，如图5-60所示。

若收件人使用Foxmail 7邮件客户端接收该封邮件，阅读时将显示密码输入框，输入密码即可查看邮件原文及附件（直至下次重启Foxmail之前都不再需要重新输入密码），如图5-61所示。

图5-60　设置"邮件加密"

图5-61　输入密码查看邮件

提示

若收件人使用QQ邮箱接收该封加密邮件，单击邮件时会进入一个解密页面，输入邮件密码后即可查看邮件内容，如图5-62所示。若收件人使用Web邮箱或其他邮件客户端接收加密邮件，邮件将包含一个加密的zip附件。使用标准的zip解压工具（如7-zip等）输入密码即可解密出邮件原文，如图5-63所示。

图5-62　QQ邮箱接收的加密邮件形式

Internet应用

图5-63　Web邮箱接收的加密邮件形式

10．设置邮件提醒

用户可以为自己的邮件设置提醒，以便提醒自己邮件中的内容。例如自己收到了一封关于召开全县经济工作会议的邮件，用户可以为该邮件设置提醒，提醒功能将在设定的时间提醒邮件的内容。在要设置提醒的邮件上单击鼠标右键，在快捷菜单中选择"设置提醒"命令，打开"设置提醒"对话框，如图5-64所示。在对话框中用户可以设置单次提醒时间，也可以设置周期提醒时间。

在到了设置的提醒时间后，系统则会自动出现提醒窗口，如图5-65所示。

图5-64　"设置提醒"对话框

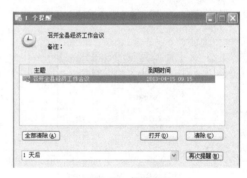

图5-65　提醒窗口

巩固练习

1．在Foxmail中是否能创建多个账号？

2．在Foxmail中如何设置自动收取邮件？

3．在Foxmail中撰写邮件时能否使用信纸功能？

4．Foxmail中的账号口令和电子邮箱的密码是否一致？

课后练习与指导

一、选择题

1．如果给下面这4个邮箱发邮件，哪个能收到？（　　）

A．信息技术234@sohu.com　　B．jhxx520@yahoo.com

C．jhxx*-*@163.com　　D．999jhxx@21cn.com

2．在126电子邮箱中，用户对附件可以使用以下哪种方法进行处理（　　）。

    A．下载　　　　B．打开　　　　C．预览　　　　D．打包下载

3．下列关于发送邮件的说法正确的是（　　）。

    A．用户可以同时向多人发送邮件

    B．在发送的附件中可以以附件的形式添加文件

    C．多人发送（抄送）的电子邮件地址分行输入

    D．多人发送（抄送）的电子邮件地址收件人可以看到

4．下列关于回复电子邮件的说法正确的是（　　）。

    A．原发件人地址自动添加到收件人地址栏中

    B．在主题文本框中将显示原邮件的主题，并且会在主题前加Re:

    C．在主题文本框中将显示原邮件的主题，并且会在主题前加Fw:

    D．在回复邮件时不但可以回复发件人，同时也可以回复所有的收件人

5．下列关于转发电子邮件的说法正确的是（　　）。

    A．在转发邮件时原邮件的附件不会被一同发送

    B．在主题文本框中将显示原邮件的主题，并且会在主题前加Re:

    C．在主题文本框中将显示原邮件的主题，并且会在主题前加Fw:

    D．在转发邮件时可以将原邮件作为一个附件转发

6．下列关于Foxmail的说法正确的是（　　）。

    A．如果Foxmail有多个账号，用户可以同时接收所有账号邮箱中的邮件

    B．使用Foxmail发送邮件可以在正文中插入表情和图片

    C．Foxmail的联系人可以拥有多个电子邮箱地址

    D．在Foxmail中可以设置自动收取邮件

二、填空题

1．电子邮件地址的格式是：user@mail-server-name，其中user是＿＿＿＿＿＿＿，mail-server-name是＿＿＿＿＿＿＿＿＿＿＿。

2．＿＿＿＿＿＿＿＿是一组用于从源地址到目的地址传输邮件的规范，通过它来控制邮件的中转方式。

3．＿＿＿＿＿＿＿＿可让用户在服务器上创建并管理邮件文件夹或邮箱、删除邮件、查询某封信的一部分或全部内容，完成所有这些工作时都不需要把邮件从服务器下载到用户的个人计算机上。

4．在126电子邮箱中，在发送电子邮件时单击发件人右侧的＿＿＿＿＿＿＿按钮，用户可以添加抄送人。

5．在Foxmail窗口中，选择＿＿＿＿＿＿菜单中的＿＿＿＿＿＿命令，或单击工具栏中的＿＿＿＿＿＿按钮，即可打开写邮件窗口。

6．在Foxmail的工具栏中单击＿＿＿＿＿＿＿按钮，或者选择＿＿＿＿＿＿＿菜单中的＿＿＿＿＿＿命令，打开回复邮件窗口。

三、简答题

1．电子邮件具有哪些特点？

2．说出目前国内的几个主流免费电子邮箱。

3．如果用户拥有一个QQ号，如何开通QQ邮箱？

4．说一说abc@126.com和abc@sohu.com这两个邮箱有什么相同点和不同点？

5．如何回复邮件？在回复邮件时将会自动显示哪些信息？

6．如何转发邮件？在转发邮件时将会自动显示哪些信息？

7．Foxmail的分别发送功能有哪些实际用处？

8．使用电子邮箱发送附件是否有大小的限制？

四、实践题

练习1：在126上申请一个免费电子邮箱。

练习2：使用申请的免费电子邮箱向abc@163.com邮箱中发送邮件，并添加附件。

练习3：设置免费电子邮箱具有自动回复功能，回复语为："邮件已收到，谢谢！"

练习4：利用申请的免费电子邮箱在Foxmail上创建账号。

练习5：在Foxmail上接收、阅读邮件。

练习6：在Foxmail上回复、转发邮件。

模块 06 文件下载和上传

你知道吗？

Internet上的资源非常丰富，而且很多资源都是免费的，在浏览Internet时用户可以把把对自己有用的资源保存、下载下来，使它们能够为自己服务。

学习目标

➢ 了解文件的下载与上传
➢ 文件的下载方式
➢ 文件的下载
➢ 登录FTP网站
➢ 使用网盘

项目任务6-1 了解文件的下载与上传

探索时间

有过在网上在线看电影的经历么？你是否认为在线看电影是下载文件？

动手做1　了解什么是下载

下载是指通过网络进行传输文件，把互联网或其他电子计算机上的信息保存到本地计算机上的一种网络活动。下载可以显式或隐式地进行，只要是获得本地计算机上所没有的信息的活动，都可以认为是下载，如在线观看。

动手做2　了解什么是上传

上传就是将信息从个人计算机（本地计算机）传递到中央计算机（远程计算机）系统上，让网络上的人都能看到。将制作好的网页、文字、图片等发布到互联网上去，以便让其他人浏览、欣赏。这一过程称为上传。"上传"的反义词是"下载"。

动手做3　了解什么是断点续传

断点续传指的是在下载或上传时，将下载或上传的任务（一个文件或一个压缩包）人为划分为几个部分，每一个部分采用一个线程进行上传或下载，如果碰到网络故障，可以从已经上传或下载的部分开始继续上传下载以后未上传下载的部分，而没有必要从头开始上传下载，可以节省时间，提高速度。

有时用户上传、下载文件需要历时数小时，万一线路中断，如果不具备断点续传功能就只能从头重传，如果具有断点续传功能，允许用户从上传、下载断线的地方继续传送，这样大大减少了用户的上传、下载时间。

IE浏览器默认下载方式不支持断点续传，但是目前有些浏览器比如360安全浏览器、搜狗浏览器、腾讯浏览器都支持断点续传。

常见的支持断点续传的上传（下载）常用软件有：QQ旋风、迅雷、Web迅雷、影音传送带、快车、BitComet、电驴eMule、哇嘎Vagaa、酷6、土豆、优酷、百度视频、新浪视频、腾讯视频等都支持断点续传。

支持断点续传的下载软件一般都具有以下特点：

1. 定时下载功能，可以为将要下载的软件制定一任务列表，让下载软件在规定的时间自动拨号上网并下载软件，下载完毕后再自动挂起Modem，断开与Internet的连接，甚至自动关闭计算机。

2. 多文件同时下载。

3. 支持拖放式操作，可将下载文件的URL超链接用鼠标拖放到下载软件的窗口上，即可激活下载软件，同时开始文件的下载。

4. 自动捕捉剪贴板上的URL并激活下载软件，可以捕捉到剪贴板中的URL，甚至浏览器中单击下载文件超链接，即可激活程序实现文件的下载。

5. 致命错误发生时的关闭机制。

6. 预防病毒侵害的安全机制，文件下载完毕，即可自动将其发送到指定的病毒的检测软件进行病毒扫描。

项目任务6-2 文件的下载方式

探索时间

说一说你所知道的文件下载方式。

动手做1 HTTP下载方式

HTTP是我们最常见的网络下载方式之一，HTTP是Hyper Text Transportation Protocol（超文本传输协议）的缩写，所谓HTTP下载，指的是基于HTTP的下载。比如说我们平时浏览的网页，就是基于HTTP进行的通信，当用户打开一个网页的同时，就相当于进行了一次HTTP下载。

HTTP下载的优点是用户可以打开浏览器自由选择Web网页上的图片、Html文件、压缩文件等元素进行下载，用户只需要使用浏览器软件不需要其他下载软件就能下载文件，通用性强。而它的缺点是下载速度慢、不支持断点续传，因此只适合下载体积较小的文件。

动手做2 FTP下载方式

FTP（File Transfer Protocol）也是一种很常用的网络下载方式。FTP是TCP/IP网络上两台计算机传送文件的协议，尽管World Wide Web（WWW）已经替代了FTP的大多数功能，FTP仍然是通过Internet把文件从服务器上下载到客户机上的一种途径。

FTP的标准地址形式就像ftp://219.68.9.19/down/源文件.rar，FTP方式具有限制下载人数、屏蔽指定IP地址、控制用户下载速度等优点，所以，FTP更显示出易控性和操作灵活性，比较适合于大文件的传输（如影片、音乐等）。

动手做3　BT下载方式

BT全名为BitTorrent，BT下载实际上就是P2P下载，该下载模式不需要服务器，而是在用户机与用户机之间进行传播，也可以说每台用户机都是服务器，讲究"人人平等"的下载模式，每台用户机在自己下载其他用户机上文件的同时，还提供被其他用户机下载的作用。

BT是一个文件分发协议，它通过URL识别内容并且和网络无缝结合。它对比HTTP/FTP、MMS/RTSP流媒体协议等下载方式的优势在于一个文件的下载者们下载的同时也在不断互相上传数据，使文件源（可以是服务器源也可以是个人源，一般特指第一个做种者或种子的第一发布者）可以在增加很有限的负载之情况下支持大量下载者同时下载，所以BT等P2P传输方式也有"下载的人越多，下载的速度越快"的说法。

就使用上来说，BT的使用可以说极为简单，用户只要安装好客户端，下载好种子就能马上开始下载了。就单一文件下载速度而言，BT也具有很大的优势，如果下载的人越多下载速度就越快（这是所有P2P软件的本质）。BT已经被很多个人和企业用来在互联网上发布各种资源，其好处是不需要资源发布者拥有高性能服务器就能迅速有效地把发布的资源传向其他的BT客户软件使用者，而且大多数的BT软件都是免费的。

> **提示**
>
> P2SP下载方式实际上是对P2P技术的进一步延伸，它不但支持P2P技术，同时还通过多媒体检索数据库这个桥梁把原本孤立的服务器资源和P2P资源整合到了一起，这样下载速度更快，同时下载资源更丰富，下载稳定性更强。

动手做4　RTSP和MMS下载方式

RTSP和MMS方式分别是由Real Networks和微软所开发的两种不同的流媒体传输协议。对于采用这两种方式的影视或音乐资源，原则上只能用Real player或Media player在线收看或收听。但是为了能够更流畅地欣赏流媒体，网上的各种流媒体下载工具也应运而生，像StreamBox VCR和NetTransport（影音传送带）就是两款比较常用的流媒体下载工具。

巩固练习

1．上网查一下基于PTP下载最常用的软件是什么？
2．上网查一下BT下载的客户端软件有哪些？

项目任务6-3　文件的下载

探索时间

小王最近需要在网上下载大量的资料，为了方便下载管理，小王应采用什么方法来下载资料？

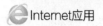Internet应用

动手做1　使用浏览器下载文件

使用浏览器下载文件是许多上网初学者常使用的方式，它操作简单方便。一般而言，在Internet上允许下载的软件都是以压缩文件的形式链接到一个超级链接，如果用户需要下载这些软件，只需到相应的下载位置单击该超级链接，然后会打开一个文件下载对话框。例如在浏览器中下载"迅雷"应用程序，具体操作方法如下：

Step 01 在Internet中利用搜索功能找到可以下载"迅雷"的相关网页，如图6-1所示就是一个提供下载"迅雷"链接的网页。

图6-1　迅雷下载页面

Step 02 将鼠标指针移到"本地下载"上，当鼠标变成"手状"图标时单击鼠标，打开选择下载方式页面，如图6-2所示。

Step 03 根据自己的网络情况选择下载通道，如这里单击"本地网通"，则打开"文件下载"对话框，如图6-3所示。

图6-2　选择下载通道

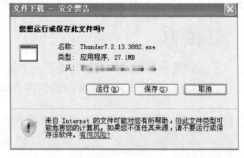

图6-3　"文件下载"对话框

Step 04 单击"保存"按钮则打开"另存为"对话框，如图6-4所示。在保存在下拉列表中选择保存的位置，然后在文件名文本框中输入文件名。

114

图6-4 "另存为"对话框

Step**05** 单击"保存"按钮,打开如图6-5所示的下载进度框。下载完毕,打开"下载完毕"对话框,如图6-6所示。单击"关闭"按钮,关闭该对话框;单击"运行"按钮,则运行安装下载的文件;单击"打开文件夹"按钮,则打开软件下载位置所在的文件夹。

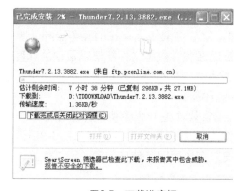

图6-5 下载进度框   图6-6 下载完毕对话框

提示

在文件下载对话框中如果单击"运行"按钮,则直接运行下载的程序,除非你的网速足够快,否则一般不要直接运行下载的程序。

教你一招

目前在互联网上有一些专门提供软件下载的软件,比如天空下载、华军软件园等。如果用户需要下载一些常用的软件,可以到这些专门的网站去下载。进入天空下载的主页,如图6-7所示。用户可以在页面中单击各个分类进入分类页面寻找自己需要的软件,也可以在全站搜索文本框中输入软件的名称进行搜索。

图6-7　天空下载网站首页

≫ 动手做2　使用迅雷下载

迅雷使用的多资源超线程技术基于网格原理，能够将网络上存在的服务器和计算机资源进行有效的整合，构成独特的迅雷网络，通过迅雷网络各种数据文件能够以最快的速度进行传递。多资源超线程技术还具有互联网下载负载均衡功能，在不降低用户体验的前提下，迅雷网络可以对服务器资源进行均衡，有效降低了服务器负载。

使用迅雷下载资源首先应该安装迅雷软件，迅雷软件是一个免费软件，在上一个操作中已经介绍了使用浏览器下载迅雷的方法。双击下载的迅雷安装程序，打开如图6-8所示的安装界面，用户根据安装提示一步步进行安装即可，安装完毕后即可使用迅雷进行下载。

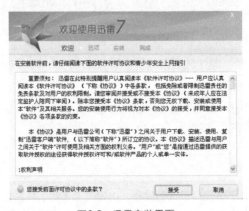

图6-8　迅雷安装界面

例如利用迅雷下载腾讯QQ2013，具体操作方法如下。

Step 01　在Internet中利用搜索功能找到可以下载"腾讯QQ2013"的相关网页，如图6-9所示就是一个提供下载"腾讯QQ2013"的官方网页。

Step 02　在下载链接上单击鼠标右键，打开一个快捷菜单，如图6-9所示。

Step 03　在快捷菜单中选择"使用迅雷下载"命令，打开"新建任务"对话框，如图6-10所示。

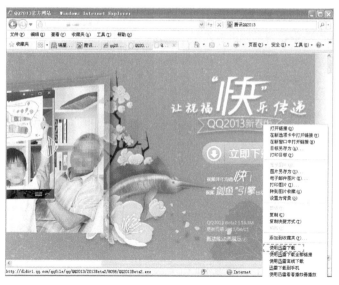

图6-9 选择下载站点并打开右键菜单

图6-10 "新建任务"对话框

Step 04 在"新建任务"对话框中选择下载文件的存放路径,当然,也可采用迅雷默认的文件夹,单击"立即下载"按钮,迅雷开始下载,如图6-11所示。

图6-11 迅雷下载页面

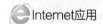

Step 05 如果自己下载的软件较大需要的时间较长，在下载的过程中用户需要关闭计算机离开，则用户可以单击"暂停"任务按钮，停止下载。

Step 06 下次用户启动计算机后可以运行迅雷程序，在迅雷窗口的"正在下载"列表中显示了原来没有下载完成的任务，如图6-12所示。

图6-12　从断点处继续下载软件

Step 07 在列表中选中需要继续下载的软件，单击"开始"按钮，迅雷会自动连接下载服务器，从断点处继续下载。

 提示

如果用户没有暂停下载的任务，计算机突然死机，再重新启动计算机后运行迅雷程序，在"正在下载"列表中也会显示原来没有下载完成的任务。用户可以在列表中选中需要继续下载的任务，单击"开始"按钮，继续下载。

另外注册并用迅雷ID登录后可享受到更快的下载速度；下载越多，积分越多，等级越高，免费下载资源越多。同时如果办理VIP业务可以开启迅雷离线下载和高速通道，积分共分为多个等级，不同的等级对应不同级别的服务特权（例如高速通道流量的多少，宽度大小等），迅雷还拥有P2P下载等特殊下载模式。

 注意

现在有些网页上的下载链接中会显示迅雷下载，有些下载资源也默认使用迅雷下载，此时用户单击下载链接则也会使用迅雷进行下载。

教你一招

迅雷还提供了"迅雷大全"搜索功能，该功能可以是一款聚合了互联网多方影视资源，集在线搜索、点播和下载为一体的客户端产品，使用户可以快速方便的找到自己喜欢的视频。在迅雷页面右上角的"使用迅雷大全搜索"文本框中输入要搜索的内容，如输入"泰囧"（如图6-13所示），单击"搜索"按钮，则打开迅雷大全搜索页面，如图6-14所示。在页面中列出了搜索到的视频结果，用户可以选是下载还是播放。

图6-13　输入搜索内容

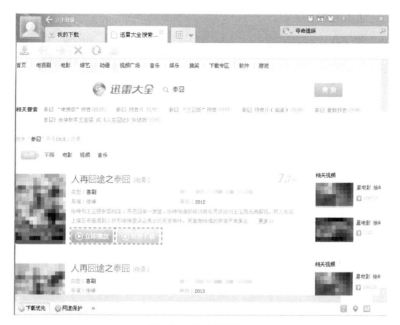

图6-14　显示搜索结果

⟫ 动手做3　使用BitComet下载

　　BitComet是基于BitTorrent协议的P2P免费软件，也称BT下载客户端，同时也是一个集BT/HTTP/FTP为一体的下载管理器。BitComet拥有多项领先的BT下载技术，有边下载边播放的独有技术，也有方便自然的使用界面。最新版又将BT技术应用到了普通的HTTP/FTP下载，可以通过BT技术加速您的普通下载。

　　安装了BitComet软件后用户就可以到网上寻找BT资源了，BT资源又称为种子，它是一个Torrent文件。网络上以BT传输机制提供下载资源的网站，都要求用户首先下载相关资源的Torrent文件。这个文件记录了发布资源的服务器路径、资源文件信息、文件名、目录名、总长度、片段长度和片段的校验码，它是BT机制的可靠保证。

　　使用BitComet下载的具体方法如下：

Step 01　在Internet中利用搜索功能找到可以下载BT资源的相关网页，如图6-15所示就是一个提供下载影视作品"公司职员"BT资源的网页。

Step 02　在下载链接上单击鼠标右键，打开一个快捷菜单，如图6-15所示。

Step 03　在快捷菜单中选择"使用BitComet下载"命令，打开"新建HTTP/FTP下载任务"对话框，如图6-16所示。

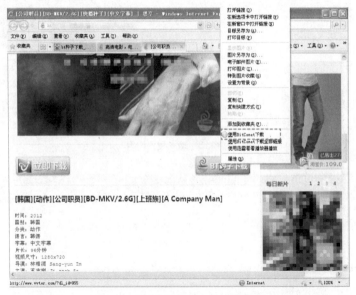

图6-15　选择BT资源并打开右键菜单

图6-16　"新建HTTP/FTP下载任务"对话框

Step**04** 在"新建HTTP/FTP下载任务"对话框中的保存到文本框中选择下载文件的存放路径,也可采用默认的文件夹;在文件名文本框中输入文件的名称,也可采用默认的文件名;单击"立即下载"按钮,开始下载BT种子。

Step**05** BT种子下载完毕,自动打开"新建BT任务"对话框,如图6-17所示。

Step**06** 在"新建BT任务"对话框中的保存到文本框中选择下载文件的存放路径,也可采用默认的文件夹;在子目录文本框中输入子目录的名称,也可采用默认的名称;在文件名称列表中选中要下载的文件,单击"立即下载"按钮,BitComet开始下载,如图6-18所示。

图6-17 "新建BT任务"对话框

图6-18 BitComet下载界面

项目任务6-4 登录FTP网站

探索时间

小王在下载资料时遇到一个 ftp://ftp.pku.edu.cn 这样的网址，这和普通的Web页网址有何不同？在浏览器上可以下载这类网址上的资源么？

动手做1 了解FTP

FTP是File Transfer Protocol（文件传输协议）的缩写，是在Internet上最早用于传输文件的一种通信协议，和许多Internet协议一样，FTP使用的是一种简单的命令应答协议。

在远程服务器中一般都有大量的共享软件和免费资源，要想从服务器中把文件传送到本地的计算机（称为"客户机"）上或者把自己机器上的信息传送到服务器上，就必须在两台机器中进行文件传送，那么双方就必须要共同遵守一定的规则，FTP就是用来在客户机和服务器之间进行文件传输以实现文件共享的协议。

下面向用户介绍几个术语。

- 上传：从客户机上把文件或资源传送到服务器上的过程。
- 下载：从服务器上把文件或资源传送到客户机上的过程。
- 权限：用户取得的对计算机进行何种操作（只读、读写、完全）的权力。
- 匿名FTP：访问FTP服务器上的内容，不但要知道对方的地址，还要得到对方的授权，即需要知道要访问FTP服务器的用户名和密码。Internet上有大量的允许自由访问的FTP服务器，用户登录这些服务器时，都可以使用anonymous作为用户名账号，用各个用户的电子邮件地址作为密码，获得匿名FTP服务器的资料。登录FTP服务器有两种方式，一种是使用IE，另外一种是使用FTP软件，而登录到匿名FTP服务器是不必输入用户名和密码的，这些匿名服务器大多提供一些通用的资源（最多的当然是共享软件）。

FTP服务器的Internet地址（URL）与通常在Web页中使用的URL略有不同。例如输入"北京大学"的一个匿名FTP服务器地址为ftp://ftp.pku.edu.cn/，在IE的地址栏中输入上述地址按Enter 键便打开了北京大学的FTP站点。

动手做2 使用浏览器下载FTP资源

大多数最新的网页浏览器都能和FTP服务器建立连接，在浏览器上下载FTP资源的基本方法如下：

Step 01 打开IE浏览器，在地址栏中输入"北京大学"匿名FTP服务器地址ftp://ftp.pku.edu.cn，然后按Enter 键进入如图6-19所示的页面。

图6-19　FTP网站首页

Step 02　用户可以单击相应的目录进入下一级目录，如这里单击"Linux"则进入Linux目录中，如图 6-20所示。

图6-20　目录中的文件

Step 03　在目录中单击需要下载的文件即可开始下载。

教你一招

在IE浏览器中如果单击"页面"选项，然后在下拉菜单中选择"在Windows 资源管理器中打开 FTP"命令，则在资源管理器中打开FTP站点，如图6-21所示。在这里下载文件的方法与在我的电脑 中复制文件是一样的，将FTP站点中的文件使用复制命令复制到自己的硬盘中即可。

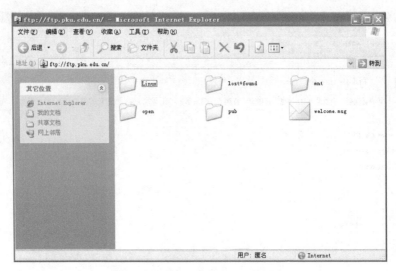

图6-21　在资源管理器中打开FTP站点

注意

如果FTP站点不是匿名访问的站点，而是需要用户名和密码的站点，则在使用浏览器登录FTP站点时会打开一个登录对话框，在对话框中输入用户名和密码才能登录FTP站点。

※ 动手做3　使用CuteFTP登录FTP站点

使用CuteFTP之前必须在计算机上安装CuteFTP软件，CuteFTP是FTP工具之一，它具有友好的用户界面，稳定的传输速度。

使用CuteFTP登录FTP站点的基本方法如下：

Step 01 运行CuteFTP，在CuteFTP中单击"新建"按钮右侧的下三角箭头，打开一个下拉列表，在列表中选择"FTP站点"命令，打开"站点属性"对话框，如图6-22所示。

Step 02 在标签文本框中输入FTP站点的名称，这个名称可以自己命名；在主机地址文本框中输入站点的地址，如输入ftp.pku.edu.cn；如图6-23所示。

Step 03 如果登录的FTP站点需要用户名和密码，则应选择"标准"单选按钮，并输入用户名和密码。如果是匿名登录则应选择"匿名"单选按钮。

Step 04 单击"连接"按钮，即可快速连接到FTP站点，如图6-24所示。

图6-22　选择"FTP站点"命令

| 图6-23 "站点属性"对话框 | 图6-24 与FTP站点连接 |

注意

在输入主机地址时不能带有ftp://之类的字头，也不能带有文件夹的路径，而必须是站点本身的地址。

※动手做4 下载文件

使用CuteFTP下载文件的基本方法如下：

Step **01** 打开要下载文件的FTP站点，在CuteFTP界面的左侧显示了本地文件夹目录，在CuteFTP界面的右侧显示了FTP站点上的文件夹目录。在本地文件夹目录中选择下载资源存放的位置，如图6-25所示。

图6-25 选择下载资源存放的位置

Step 02 在FTP站点文件列表中选中要下载的文件，单击"下载"按钮"⬇"，开始从站点下载文件。在下载文件时在底部的传输队列列表中将会显示出添加的下载任务，并且显示出下载的进度，如图6-26所示。

图6-26 下载资源

教你一招

在FTP站点上的文件夹目录中找到用户要下载的文件，然后选中要下载的文件，用鼠标拖动到要本地文件夹列表中存放下载文件的文件夹上，松开鼠标则开始从站点下载文件。

动手做5 上传文件

打开要上传到的FTP站点，在FTP站点选中要上传到的文件夹，然后在本地文件夹中选择你要上传的文件，单击工具栏中的"上传"按钮图标"⬆"，文件即可开始上传。用户也可以在本地文件夹中选中要上传的文件，然后用鼠标拖动到FTP站点文件夹上，松开鼠标即可开始上传文件。

项目任务6-5 使用网盘

探索时间

小王在公司里有些资料需要电子版资料需要带回家使用，但是他忘记了带移动硬盘和U盘，在公司和家里小王都可以上网，小王应如何做才能在家里使用公司的电子资料？

动手做1   了解网盘

网盘，又称网络U盘、网络硬盘，是由网络公司推出的在线存储服务。向用户提供文件的存储、访问、备份、共享等文件管理等功能，用户可以把网盘看成一个放在网络上的硬盘或U盘，不管你是在家中、单位或其他任何地方，只要你连接到因特网，你就可以管理、编辑网盘里的文件。不需要随身携带，更不怕丢失。

目前中国常见的网盘有：115网盘、华为网盘、咕咕网盘（又名：51咕咕网盘）、金山快盘、百度网盘等。

> **提示**
>
> 用户在选用网盘时应当慎重，因为一些免费网盘的存活期比较短。用户重要的文件资料最好不要放在网盘里，以免网盘提供商停止服务后，造成用户文件永久性的丢失。

动手做2   登录百度网盘

这里以百度网盘为例介绍一下网盘的使用方法。

登录百度网盘的基本操作方法如下：

Step 01 在浏览器地址栏中输入百度网盘的地址，进入百度网盘的登录页面，如图6-27所示。

图6-27   百度网盘登录页面

Step 02 如果用户注册过百度账号，则在账号文本框中输入百度账号，在密码文本框中输入密码，单击"登录"按钮，即可登录百度网盘，如图6-28所示。

图6-28　百度网盘页面

提示

如果用户还没有百度账号，则必须先申请一个百度账号才能使用百度网盘，在百度网盘的登录页面单击"立即注册百度账号"按钮，则进入注册页面，如图6-29所示。在页面中用户可以选择使用手机或邮箱注册百度账号。

图6-29　注册百度账号

动手做3　上传文件

向百度网盘中上传文件的基本方法如下：

Step 01　登录百度网盘，单击"上传"按钮，打开"打开"对话框，如图6-30所示。

图6-30 "打开"对话框

Step 02 在对话框中选择要上传的文件,单击"打开"按钮,打开正在上传页面开始上传文件,如图6-31所示。

图6-31 正在上传页面

上传到百度网盘里的文件,会被自动智能分类,分成图片、文档、音频、视频、应用,方便用户的查找。例如上传的MP3 文件,被智能分类到音乐中,在左侧的分类列表中单击"音乐"分类,则显示出音乐文件,如图6-32所示。

图6-32 音乐分类文件

教你一招

在上传文件时用户还可以选择上传文件夹,单击"上传"右侧的下三角箭头,在列表中选择"上传文件夹"选项,则可以上传文件夹,如图6-33所示。

图6-33 上传文件夹

动手做4　下载文件

在百度网盘中下载文件的基本方法如下：

Step 01　登录百度网盘，在文件列表中选中要下载的文件，则在页面中会显示出"下载"按钮，如图6-34所示。

Step 02　单击"下载"按钮，打开文件下载页面，如图6-35所示。

Step 03　在页面中单击一种下载方式，如单击"普通下载"，打开"文件下载"对话框，单击"保存"按钮则打开"另存为"对话框，选中文件的保存位置，单击"保存"按钮，开始下载文件。

图6-34　打开文件列表　　　　　　　　　　6-35　文件下载页面

教你一招

在下载文件时用户还可以选择批量下载文件夹，在文件列表中选中要下载的多个文件，单击"下载"按钮，打开文件下载页面，如图6-36所示。在该页面中用户可以发现批量下载文件的名称和单一下载文件的名称不同，批量下载文件后选中的文件被打包压缩然后进行下载，因此批量下载文件下载后是一个压缩文件，用户可以对其进行解压。

图6-36　批量下载文件

📎 课后练习与指导

一、选择题

1. 下列关于下载和上传的说法正确的是（　　　）。
    A. 只有把资源下载到本地硬盘上的活动才算是下载
    B. 把网页发布到互联网上也算是一种上传
    C. 所有的浏览器都不支持断点续传
    D. 专业的下载软件大部分都支持断点续传

2. 下列关于文件下载方式的说法正确的是（　　　）。
    A. HTTP下载适合下载体积较小的文件
    B. FTP下载可以控制下载的人数
    C. BT下载模式不需要服务器，而是在用户机与用户机之间进行传播
    D. 在进行BT下载时一个文件的下载者们下载的同时也在不断互相上传数据

3．下列关于文件下载的说法正确的是（　　　）。

    A．对于FTP资源，用户可以使用浏览器下载，也可以使用CuteFTP或迅雷下载

    B．对于BT资源，在下载时首先要下载BT资源的种子

    C．在FTP服务器中管理员可以设置访问者的操作权限

    D．使用迅雷用户可以搜索影视资源

4．下列说法正确的是（　　　）。

    A．用户可以向网盘中上传资料

    B．用户可以将网盘中的资料下载到本地计算机上

    C．BT下载实际上就是P2SP下载，该下载模式不需要服务器

    D．BitComet支持多文件同时下载，而且同时下载的文件越多下载速度越快

二、填空题

1．_____浏览器默认下载方式不支持断点续传，但是目前有些浏览器比如_____浏览器、_____浏览器、腾讯浏览器都支持断点续传。

2．BT是一个_____协议，它通过URL识别内容并且和网络无缝结合。

3．迅雷使用的_____技术基于网格原理，能够将网络上存在的服务器和计算机资源进行有效的整合，构成独特的迅雷网络，通过迅雷网络各种数据文件能够以最快的速度进行传递。

4．BitComet是基于BitTorrent协议免费软件，也称BT下载客户端，同时也是一个集_____为一体的下载管理器。

5．FTP是文件传输协议的缩写，是在Internet上最早用于_____的一种通信协议，和许多Internet协议一样，FTP使用的是一种简单的命令应答协议。

6．一般而言，在Internet上允许下载的软件都是以_____的形式链接到一个超级链接，如果要下载这些软件在相应的下载位置单击该_____，会打开一个文件下载对话框。

三、简答题

1．支持断点续传的下载软件一般都具有哪些特点？

2．什么是断点续传？

3．什么是下载？

4．什么是上传？

5．HTTP下载有哪些优缺点？

6．FTP下载有哪些特点？

7．BT下载有哪些特点？

8．在使用迅雷和BitComet下载影视资源时，哪种下载工具具有边下边播的功能？

四、实践题

练习1：使用浏览器下载BitComet软件。

练习2：使用迅雷软件搜索并下载电影"泰囧"，在下载的同时边下边播。

练习3：在网上搜索一个BT资源，并使用BitComet软件进行下载。

练习4：在百度上申请一个百度账号，然后登录百度网盘，练习向网盘上上传文件及下载文件的操作。

模块 07

Internet即时通信与娱乐

🖝 **你知道吗？**

　　Internet的即时通信功能允许两人或多人使用网络即时的传递文字信息、档案、语音与视频交流。

🖝 **学习目标**

> ➢ 使用QQ聊天工具交流
> ➢ 使用论坛交流
> ➢ 使用博客
> ➢ 使用微博
> ➢ 网络多媒体
> ➢ 网络游戏乐

项目任务7-1 使用QQ聊天工具交流

探索时间

　　由于工作的关系，小王和女友分别生活在不同的城市，在闲暇之余小王经常使用QQ与女友在网上倾诉。小王可以利用QQ聊天工具的哪些实时通信功能与女友进行交流？

※ **动手做1　登录QQ**

　　网上聊天有很多方式，通常情况下，网友们大多利用一些聊天软件与好友畅谈。现在网上的聊天工具有多种，例如MSN、ICQ、QQ等。各个聊天工具各有所长，它们都可以帮助用户与远在千里之外的朋友诉说思念，这里就向大家介绍一下QQ的使用方法。

　　QQ也就是OICQ，它是腾讯科技（深圳）有限公司开发的基于Internet的网络即时通信软件。目前QQ是国内应用最广的网络寻呼软件。QQ主要的功能是查找在线网友，并与在线网友聊天。另外QQ还可以为其用户定时检查邮件、传送文件、发送寻呼机和手机短信息、甚至可以传送语音。

　　QQ是免费使用的软件，在许多网站都可以找到它的下载网址，当然到http://www.tencent.com（QQ主页网站）上下载是用户的首选。安装QQ的步骤很简单，与一般的软件安装没有什么大的区别，当安装成功后，用户会在桌面上发现一个小企鹅图标，这就是QQ的快捷方式，双击它即可启动QQ。

　　例如登录QQ2013的基本步骤如下。

Step **01** 双击QQ图标，打开QQ用户登录窗口，如图7-1所示。

Step **02** 在QQ号码下拉列表框中输入QQ号，然后在QQ密码文本框中输入登录密码。

Step **03** 单击"登录"按钮，即可进入QQ界面，如图7-2所示。

图7-1　QQ用户登录窗口　　　　　　　　　图7-2　QQ的界面

⁂ 动手做2　查找网友

要使用QQ进行聊天，首先要将对方添加到QQ的好友列表中，用户可以根据QQ号、昵称、姓名、E-mail地址等关键词来查找，找到后将其加入到好友列表中。查找网友的基本步骤如下：

Step **01** 在界面底端单击"查找"按钮，打开"查找联系人"对话框，如图7-3所示。

Step **02** 如果用户知道要查找用户的一些信息可选择精确查找，并在精确条件文本框中输入对方的信息，如QQ号码或对方的昵称。例如这里输入对方的昵称"风"，单击"查找"按钮，打开查找结果列表窗口，如图7-4所示。

图7-3　"查找联系人"对话框　　　　　　　图7-4　找到符合查找条件的网友

Step03 在列表中显示为灰色的表示现在不在线，彩色显示的表示现在在线。在列表中选中一个用户，则在该用户头像的旁边会显示出显示资料、向他打招呼和加为好友三选项，如图7-5所示。

Step04 单击"查看个人资料"按钮"▦"，则可以打开查看资料窗口，如图7-6所示。在该窗口中用户可以查看该网友的基本信息。

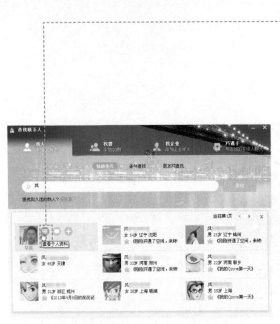

图7-5　选中用户后出现相应选项

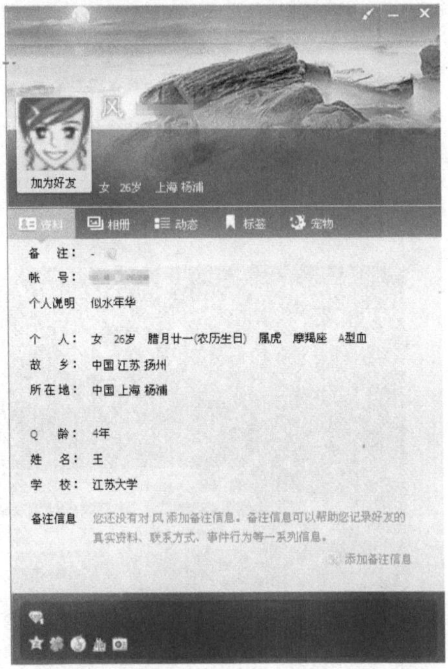

图7-6　网友基本信息

Step05 在好友列表中单击"加为好友"按钮"▦▦"或者在网友基本信息窗口的上部单击"加为好友"按钮，打开对方验证您的身份对话框，如图7-7所示。用户可以在请输入验证信息文本框中输入表明自己身份的内容，单击"下一步"按钮，进入如图7-8所示的对话框。在这里设置要加入好友的备注姓名，并选择分组。

图7-7　输入验证信息

图7-8　选择分组

Step06 单击"下一步"按钮，进入完成对话框。在该对话框中显示添加请求已发送，等待对方确认，单击"完成"按钮。

Step07 发送验证信息后对方消息区中的小喇叭不断闪烁，双击小喇叭会打开系统消息对话框，如图7-9所示。在该对话框中对方可以选择"同意"或"拒绝"。

图7-9　系统消息对话框

Step08　如果对方同意加为好友，对方单击"确定"后，自己消息区中的小喇叭也会不断闪烁，双击小喇叭会打开系统消息对话框，在对话框中显示对方同意加自己为好友，单击"确定"即可。

提示

用户还可以使用高级查找设置更为详尽的查找条件，在"查找联系人"窗口中选择"高级查找"选项，如图7-10所示，在窗口中用户可以设置更为详细的查找条件。

注意

如果对方设置了拒绝任何人加他为好友，则用户就不能加他为好友。

图7-10　条件查找

动手做3　收发信息

添加好友成功后会显示在面板上的好友名单中，当组内好友较多时，窗口内会有上、下箭头，单击箭头可上下移动好友列表。彩色的头像表示对方现在也在使用QQ，用户可以和他（她）联系；而黑白的头像则表示对方此时不在线，用户发送的消息要通过服务器中转，等对方下次使用QQ时才能看见。

发送消息是QQ最常用和最重要的功能，发送消息的基本步骤如下：

Step01　在QQ面板中的"我的好友组"中右击在线好友头像，在弹出的快捷菜单中选择"发送即时消息"命令或者直接双击好友的头像，打开聊天界面窗口，如图7-11所示。

Step02　把要说的话输入到下面的发送文字框中，比如写上"你什么时候来？"。输入的文字也可以从其他地方复制粘贴过来。

Step03 单击"发送"按钮或使用Alt+S组合键，将输入的信息发送给对方。发送消息后对方可能会立刻收到，也可能会稍迟一点收到，这要根据网络的通信状况而定。

好友向你发送消息后，QQ如果是打开的，可以及时收到。如果当时没有打开，以后上线时会收到消息，收到消息后有声音提示，同时在系统托盘处出现闪动的头像，双击该头像即可弹出聊天界面窗口，并且对方发送的消息显示在上面的窗口中。看过对方的消息后如果想回复，在发送文字框中输入消息后单击"发送"按钮即可回复对方，如图7-12所示。

图7-11　发送消息　　　　　　　　　　图7-12　即时聊天界面

提示

在发送消息时用户还可对发送消息所显示的字体进行设置，单击"字体选择工具栏"按钮，打开字体工具栏，在工具栏中用户可以对发送消息的字体进行设置，如图7-13所示。另外，用户还可以在发送的消息中添加一些表情。单击"选择表情"按钮，打开表情列表，在表情列表中用户可以选择适当的表情来表达自己的感情，如图7-14所示。

图7-13　设置字体　　　　　　　　　　图7-14　发送表情

动手做4　传送文件

要使用传送文件的功能，接收文件方必须在好友列表中或者是自定义组中，且对方在线。传送文件的基本步骤如下：

Step 01　在聊天界面窗口中单击"传送文件"按钮，打开一个下拉列表，如图7-15所示。

Step 02　在下拉列表中选择"发送文件/文件夹"命令，打开"选择文件/文件夹"对话框，如图7-16所示。

图7-15　选择"发送文件/文件夹"命令　　　　图7-16　"选择文件/文件夹"对话框

Step 03　在对话框的文件列表中选择要传送的文件，然后单击"发送"按钮，对方收到消息后就会自动打开收发消息窗口，并自动切换到聊天模式，如图7-17所示。

Step 04　单击"另存为"按钮，打开"另存为"对话框，如图7-18所示。在对话框中选择文件的保存位置，然后单击"保存"按钮，则开始传送文件，如图7-19所示。

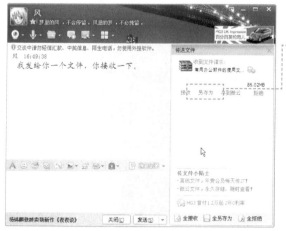

图7-17　接收文件窗口　　　　　　　　　图7-18　"另存为"对话框

提示

如果对方单击"拒绝"按钮，用户就无法传送文件了。如果对方单击"接收"按钮，则开始接收文件，不过文件自动保存在QQ的默认安装目录文件夹中。在传送文件的过程中，无论是接收方还是发送方，如果单击"取消"按钮，则取消文件的传送。

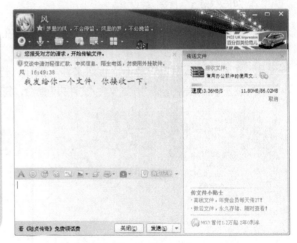

图7-19　传送文件窗口

❖ 动手做5　视频聊天

　　如果双方的计算机都安装了视频设备，用户还可以进行语音视频聊天。语音视频聊天的功能必须要接受文件方在好友列表里或者是自定义组里，且双方同时在线时才能使用。

　　进行视频聊天的基本步骤如下：

Step 01　在发送信息窗口单击"开始视频会话"按钮右侧的下三角箭头，打开一个下拉列表，如图7-20所示。

Step 02　单击"开始视频会话"命令，对方收到消息后会打开如图7-21所示的收发信息窗口。

图7-20　发起视频会话

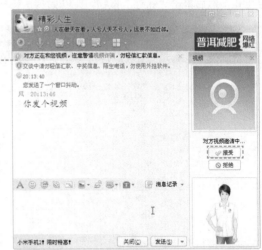

图7-21　请求视频聊天

Step 03　单击"接受"按钮，则开始接受视频，系统会自动打开一个独立的视频窗口，如图7-22所示。

Step 04　在进行视频聊天时，用户可以使用耳麦与对方进行语音聊天，也可以在聊天窗口中使用文字进行交流。

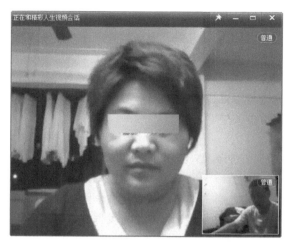

图7-22　独立的视频窗口

提示

QQ的最新版本才支持打开一个独立的视频窗口，老版本的QQ则会在聊天窗口的右侧显示视频。

项目任务7-2　使用论坛交流

探索时间

　　小王在浏览某个论坛时发现，他只能浏览论坛中的帖子，而无法进行回复和发表新帖子的操作，这是什么原因？

※ 动手做1　了解论坛

　　网络论坛【BBS，全称为Bulletin Board System（电子公告板）或者Bulletin Board Service（公告板服务）】，是Internet上的一种电子信息服务系统。它提供一块公共电子白板，每个用户都可以在上面书写，可发布信息或提出看法。它是一种交互性强，内容丰富而即时的Internet电子信息服务系统。用户在BBS站点上可以获得各种信息服务，发布信息，进行讨论、聊天等等。

　　1. 论坛的分类

　　论坛的发展如同雨后春笋般地出现，并迅速地发展壮大。现在的论坛几乎涵盖了我们生活的各个方面，几乎每一个人都可以找到自己感兴趣或者需要了解的专题性论坛，而各类网站，综合性门户网站或者功能性专题网站也都青睐于开设自己的论坛，以促进网友之间的交流，增加互动性和丰富网站的内容。论坛就其专业性可分为以下两类：

　　（1）综合类论坛

　　综合类的论坛包含的信息比较丰富和广泛，能够吸引几乎全部的网民来到论坛，但是由于广便难于精，所以这类的论坛往往存在着弊端即不能全部做到精细和面面俱到。通常大型的门户网站有足够的人气和凝聚力以及强大的后盾支持能够把门户类网站做到很强大，但是对于小型规模的网络公司，或个人简历的论坛，就倾向于选择专题性的论坛，来做到精致。

（2）专题类论坛

此类论坛是相对于综合类论坛而言的，专题类的论坛，能够吸引真正志同道合的人一起来交流探讨，有利于信息的分类整合和搜集，专题性论坛对学术科研教学都起到重要的作用，例如购物类论坛、军事类论坛，情感倾诉类论坛，计算机爱好者论坛，动漫论坛，这样的专题性论坛能够在单独的一个领域里进行版块的划分设置，甚至有的论坛，把专题性直接做到最细化，这样往往能够取到更好的效果。

2．论坛的功能

如果按照论坛的功能性来划分，又可分为以下几类：

（1）教学型论坛

这类论坛通常如同一些教学类的博客。或者是教学网站，中心放在对一种知识的传授和学习，在计算机软件等技术类的行业，这样的论坛发挥着重要的作用，通过在论坛里浏览帖子，发布帖子能迅速地与很多人在网上进行技术性的沟通和学习。譬如金蝶友商网。

（2）推广型论坛

这类论坛通常不是很受网民的欢迎，因其生来就注定要作为广告的形式存在，为某一个企业，或某一种产品进行宣传推广服务，从2005年起，这样形式的论坛很快成立起来，但是往往这样的论坛很难具有吸引人的性质，单就其宣传推广的性质，很难有大作为，所以这样的论坛寿命经常很短，论坛中的会员也几乎由受雇佣的人员非自愿组成。

（3）地方性论坛

地方性论坛是论坛中娱乐性与互动性最强的论坛之一。不论是大型论坛中的地方站，还是专业的地方论坛，都有很热烈的网民反响，比如百度贴吧、长春贴吧、北京贴吧或者是清华大学论坛、运城论坛、长沙之家论坛等，地方性论坛能够更大距离的拉近人与人的沟通，另外由于是地方性的论坛，所以对其中的网民也有了一定区域限制，论坛中的人或多或少都来自于相同的地方，这样既有点真实的安全感，也少不了网络特有的朦胧感，所以这样的论坛常常受到网民的欢迎。

（4）交流性论坛

交流性论坛又是一个广泛的大类，这样的论坛重点在于论坛会员之间的交流和互动，所以内容也较丰富多样，有供求信息、交友信息、线上线下活动信息、新闻等、这样的论坛是将来论坛发展的大趋势。

3．论坛的特点

论坛具有以下特点：

- 利用论坛的超高人气，可以有效地为企业提供营销传播服务。而由于论坛话题的开放性，几乎企业所有的营销诉求都可以通过论坛传播得到有效的实现。
- 专业的论坛帖子策划、撰写、发放、监测、汇报流程在论坛空间提供高效传播。包括各种置顶帖、普通帖、连环帖、论战帖、多图帖、视频帖等。
- 论坛活动具有强大的聚众能力，利用论坛作为平台举办各类踩楼、灌水、帖图、视频等活动，调动网友与品牌之间的互动。
- 事件炒作通过炮制网民感兴趣的活动，将客户的品牌、产品、活动内容植入进传播内容，并展开持续的传播效应，引发新闻事件，导致传播的连锁反应。
- 运用搜索引擎内容编辑技术，不仅使内容能在论坛上有好的表现，在主流搜索引擎上也能够快速寻找到发布的帖子。
- 适用于商业企业的论坛营销分析，对长期网络投资项目组合应用，精确的预估未来企业投资回报率以及资本价值都有益处。

※ 动手做2　新用户注册

在论坛中要想发布信息并与人交流，首选需要注册为论坛的用户，并登录到论坛中。而论坛中对用户管理使用分级制度，用户从最初级到最高级别会有不同的访问权限，比如一些论坛的板块只有高级会员方可访问的限制等。论坛中每个讨论区会有一个甚至多个称为"版主"的管理员，他们享有修改、删除用户发布的信息的权利，甚至还可以将用户从论坛中删除。这里以天涯论坛为例介绍一下论坛如何登录论坛。

首先介绍如何在论坛中注册为新用户，基本方法如下：

Step **01**　在浏览器的地址栏中输入论坛的网址，如输入天涯论坛的网址，按Enter键，打开论坛首页，如图7-23所示。

图7-23　论坛网站首页

Step **02**　单击"注册"链接，打开填写注册信息页面，如图7-24所示。

Step **03**　用户按照要求填写相应的信息，在填写信息时一定要选中"我已阅读并同意《天涯社区用户注册协议》"，单击"立即注册"按钮即可注册成功。

※ 动手做3　登录论坛

用户在论坛中注册新用户完成后，可使用注册好的用户名和密码登录论坛。登录论坛的基本方法如下：

Step **01**　在论坛首页中单击"登录"链接，打开社区登录窗口，如图7-25所示。

图7-24　填写注册信息

图7-25　登录论坛

Step 02　输入用户名和密码，单击"登录"按钮，即可登录到论坛首页，如图7-26所示。

图7-26　登录后的论坛首页

在论坛首页的右上角显示了用户名称，单击用户名右侧的"设置"按钮，打开一个下拉菜单，用户可以利用"菜单"命令对用户账户进行设置。

动手做4　浏览帖子

论坛中的讨论区，也就是一些话题的分类，用户可以选择自己感兴趣的分类，进入相应的讨论区与其他会员进行交流。论坛的首页会显示所有讨论区，用户如果要进入某一讨论区，只需单击讨论区列表中相应的链接即可。

在论坛中发表的文章或信息一般又被称为"帖子"，而阅读发表的文章或信息被称为"读帖"，回复被称为"回帖"，而发表文章被称为"发帖"。

在论坛中读帖的基本方法如下：

Step 01　在论坛首页的左侧单击主题分类，如单击"大学校园"，则在主题分类的下面会显示具体主题信息。

Step 02　单击"我的大学"主题链接，则进入我的大学讨论区。一般在讨论区列表中会显示如下一些内容：主题数、帖数、最后发布信息的会员、时间和版主等，如图7-27所示。

图7-27　论坛讨论区

Step03　在论坛主题列表中，查看所有主题。

Step04　单击某一主题的链接，如单击"考研英语经验之谈"，打开相应的主题页面，在页面中用户可以阅读主题内容，如图7-28所示。

图7-28　论坛讨论区

※ 动手做5　发表新帖

在论坛中发帖的目的除了同别人共享一些观点或言论外，还有很多是为了求助或娱乐大众，在论坛中发表新帖的基本方法如下：

Step01　在论坛中进入某个讨论主题的页面。

Step02　单击"发帖"按钮，打开发帖页面。

Step03　在标题文本框中输入标题，并选择发表文章的类型，在内容文本框中，输入正文，如图7-29所示。

Step04　单击页面下方的"发表"按钮。新话题被发布后，将会显示在论坛的话题列表中。

图7-29　发表话题

※ 动手做6　回复帖子

在阅读发表的帖子时，如果与发帖人产生了共鸣或者可以帮助发帖人解决问题，则用回复的方式来表达自己的想法或解决问题的办法。在论坛中回帖的基本方法如下：

Step 01 在阅读帖子时，在帖子的最底端有一个回复区域，如图7-30所示。

图7-30　回复帖子

Step 02 在回复区域的内容文本框中输入回复的信息。

Step 03 单击"回复"按钮，网页转回到主题页面，并显示出回复信息。

巩固练习

1．在天涯论坛注册一个用户。

2．登录论坛并发表新帖。

项目任务7-3 使用博客

探索时间

小王在搜狐网站建立了自己的博客，在博客空间中小王可以发表哪些类型的内容？

动手做1 申请博客空间

博客，又译为网络日志、部落格或部落阁等，是一种通常由个人管理、不定期张贴新的文章的网站。博客上的文章通常根据张贴时间，以倒序方式由新到旧排列。许多博客专注在特定的课题上提供评论或新闻，其他则被作为比较个人的日记。一个典型的博客结合了文字、图像、其他博客或网站的链接及其他与主题相关的媒体，能够让读者以互动的方式留下意见是许多博客的重要因素。大部分的博客内容以文字为主，仍有一些博客专注在艺术、摄影、视频、音乐、播客等各种主题。博客是社会媒体网络的一部分。

目前Internet上专门的博客网站多如牛毛，很多大的网站也都有自己的博客专区，如搜狐博客、新浪博客等。不同的博客站点在建立个人博客的方法上虽然不尽相同，但都大同小异，这里就以搜狐博客为例简单介绍在网上如何建立自己的博客。

要建立自己的博客，首先应该申请一个博客空间，目前大部分网站上的博客空间都是免费的，用户可以到相应的网站上去申请。申请博客空间的基本方法如下：

Step01 在浏览器的地址栏中输入搜狐博客的网址，按Enter键，打开搜狐博客的首页，如图7-31所示。

图7-31 搜狐博客首页

Step02 如果用户已经拥有搜狐邮箱（包含@sohu.com, @sogou.com, @vip.sohu.com, @sms.sohu.com, @sol.sohu.com, @chinaren.com等），则可以使用自己的邮箱名和密码在如图7-32所示的搜狐通行证区域登录。

Internet应用

Step03 登录后用户可以选择进入博客还是进入邮箱或微博，如图7-33所示。

Step04 单击"我的博客"按钮，则进入博客空间。

图7-32 使用搜狐邮箱登录　　　　　　　　　　图7-33 登录后的选择

 提示

如果用户还没有搜狐通行证，那就应该首先注册。在登录区域单击"注册新用户"按钮，则进入注册页面，如图7-34所示。在注册页面输入相应的信息，然后单击"立即加入"按钮，即可进入博客空间。下次在登录时用户可以使用申请的账号登录。

图7-34 注册页面

❀ 动手做2 设置个性化的博客空间

首次进入个人博客空间，个人博客还犹如一张白纸，如图7-35所示，用户可以根据个人的喜好对自己的博客空间进行个性化设置。

图7-35　首次进入博客空间

1．设置个人资料

可以发现在个人档案区域是一片空白，用户首先可以修改自己的个人资料，让浏览者来到这里首先对自己有一个大体的了解。单击"管理"按钮则会打开资料设置页面，如图7-36所示。

在页面中用户可以对自己的个人档案进行修改，如可以在个人头像页面中上传头像，可以在个人信息页面中对个人信息进行设定。

2．设置页面属性

图7-36　资料设置页面

默认情况下，系统提供的首页版式为三栏，用户可以更改页面的版式。单击首页下面的三角箭头，会弹出该页面的属性菜单，如图7-37所示。在设置页面属性的版式部分单击各种不同版式的示意图进行版式选择，那么系统将根据用户选择的版式自动调整当前页面的模块排列方式。在图标部分单击系统提供的各种图标，即可更换当前页面名称前面的小图标。

图7-37 设置页面属性

3. 添加模块

单击"添加模块"按钮，打开添加模块菜单，如图7-38所示。单击各模块名称即可在当前操作页面添加该模块。注意某些模块是系统模块，只能唯一，如果在某页面已经添加，则其他页面不可再次添加，后面有勾选图示。另外一些模块，如自定义列表、自写文本等则可添加多次。

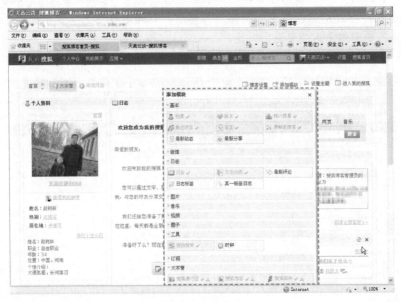

图7-38 添加模块

提示

如果我们想调整某个模块在博客页面中的位置，可以通过个性化拖曳来实现。将鼠标指向模块当鼠标变成"✛"形状时，可以按住鼠标左键不放然后拖曳鼠标，该模块会被拖动，同时在用户想放入该模块的位置出现红色虚线框时，松开鼠标该模块则会自动显示在新的位置上。如果想隐藏某个模块，将鼠标指向模块，然后单击模块右上角的"隐藏模块"按钮即可。

4．设置主题

单击"设置主题"按钮，会出现所有的主题预览图片列表，如图7-39所示。单击自己喜欢的主题样式图片，系统自动帮用户完成更换主题操作。如果用户想再次更换主题，那么只要按照上面的操作再来一次，新的主题模板即可覆盖原来的模板。

图7-39 设置主题

⁂ 动手做3 撰写日志

申请博客的目的就是为了撰写日志，在日志区域单击"撰写新日志"按钮，打开撰写日志页面，如图7-40所示。

撰写日志的基本方法如下：

Step01 在日志标题文本框中输入日志的标题。

Step02 在标签文本框中输入日志的标签。

Step03 在日志分类下拉列表中选择日志的分类，如果添加新的分类，单击"新增分类"按钮增加新的分类。

Step04 在正文区域输入自己要写的

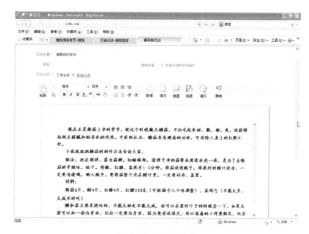

图7-40 撰写日志

日志内容，用户还可以根据需要利用工具栏中的工具设置字体格式。单击工具栏中的"视频"按钮，可以在日志中插入视频；单击工具栏中的"插图"按钮，可以在日志中插入图片；单击工具栏中的"博文"按钮，可以在日志中插入其他的日志；单击工具栏中的插入"表情"按钮，可以在日志中插入表情。

Step05 单击"预览页面"按钮，可以预览撰写的日志。

Step06 单击"发布日志"按钮发布日志；如果日志还未撰写完毕，可以单击"暂存为草稿"按钮

存为草稿，下次继续撰写。

发表日志后，在首页的日志模块显示出发表的日志，如图7-41所示。

图7-41　发表的日志

动手做4　日志的管理

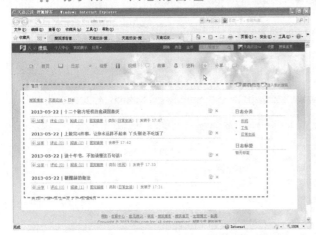

图7-42　日志版块

单击博客首页中的"日志"按钮，进入日志版块。在日志版块中发表的日志以列表的形式显示出来，如图7-42所示。

在列表中单击某一日志主题，用户可以查看发表的日志，单击"编辑"按钮"📝"，则可以重新对发表的日志进行编辑。单击"删除"按钮"✕"，则可以将发表的日志删除。

动手做5　创建相册

在博客中创建相册的基本方法如下：

Step01 单击博客首页中的"相册"按钮，进入相册版块，如图7-43所示。

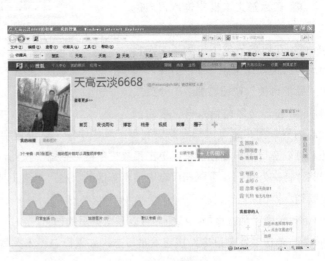

图7-43　相册版块

Step**02** 在版块中单击"创建专辑"按钮，打开"创
建专辑"窗口，如图7-44所示。

Step**03** 在专辑名称文本框中输入相册专辑的名称，
单击"确定"按钮，专辑创建成功。

Step**04** 单击"上传图片"按钮，进入上传图片页
面，如图7-45所示。

图7-44 "创建专辑"窗口

图7-45 上传图片页面

Step**05** 在上传到专辑列表中选择要上传的专辑，然后单击"添加图片"按钮，打开"选择要上载
的文件"对话框，如图7-46所示。

图7-46 "选择要上载的文件"对话框

Step**06** 在对话框中选中要上传的图片，单击"打开"按钮，则图片开始上传。

Step**07** 图片上传结束后，单击"发布"按钮，则相册创建成功。

动手做6 浏览其他人的博客

在搜狐博客的主页中按版块列出了各类博文，用户可以寻找自己感兴趣的版块，然后查看该版块中的博文。

例如在搜狐博客的主页找到财经版块，如图7-47所示。在该版块中又分为名博推荐、博文排行、圈子热度排行、大势前沿、民生杂谈、资本市场、财经名博、圈子推荐、机构推荐等小版块。而且在财经版块的右上方还有一个小导航栏，在导航栏中列出了更多的财经小分类版块导航链接。

图7-47　搜狐博客主页中的财经版块

在财经版块中单击某一个博文话题，则可以浏览该博文内容。如单击"博文排行"小版块中的"40万亿天量城镇化的背后"话题，则可以浏览该博文的详细内容，如图7-48所示。

图7-48　博文的详细内容

在日志正文区域用户可以详细浏览博文的内容，如果读了博文后有感受，用户可以在底部的评论区域对该博文进行评论，如图7-49所示。在评论内容文本框中输入评论的内容，单击"评论"按钮，则发表的评论显示在博文正文下方的评论列表中。

图7-49　对博文进行评论

如果你认可对方并且想及时了解对方的博文更新，用户可以单击"跟随"按钮，这样用户就成功跟随了他，跟随类似于添加好友，添加跟随后对方会显示在自己博客的跟随列表中。当对方更新博客后，系统会将给出提示，使用户可以及时了解对方的动态。

教你一招

想要增加用户博客的浏览量，有三个办法：一是多发好文章；二是参加圈子；三是多拜访别人的博客并留言评论，但拜访别人的博客时别忘了登录，否则只会增加对方的浏览量而没有你的来访记录。

提示

用户在阅读了某一篇博文后如果对博主感兴趣，希望看到博主发表的其他内容，则可以单击博文上方的"博客"或"首页"按钮，则进入如图7-50所示的页面。在该页面用户可以看到博主发表的所有博文，用户可以选择喜欢的博文进行阅读。另外在他人或自己博客空间的评论列表、推荐列表或跟随列表中单击某一个博主的名称也可进入该博主的博客首页。

图7-50　博主的博客首页

项目任务7-4 使用微博

小王看到身边的同事一个个都喜欢使用手机刷微博，他决定开通自己的微博，他应该如何操作？

※ 动手做1 注册微博

微博客（micro blog或micro blogging），顾名思义，是微型博客的简称。是一个基于用户关系的信息分享、传播以及获取平台，用户可以通过Web、WAP以及各种客户端组建个人社区，以140字左右的文字更新信息，并实现即时分享。

微博相比传统博客那种需要考虑文题、组织语言修辞来叙述的长篇大论，以"短、灵、快"为特点的"微博"几乎不需要很高成本而著称。无论你是用计算机还是手机，只需三言两语，就可记录下自己某刻的心情、某一瞬的感悟，或者某条可供分享和收藏的信息，这样的即时表述显然更加迎合我们快节奏的生活。

微型博客可分为两大市场，一类是定位于个人用户的微型博客，另外一类是定位于企业客户的微型博客。

使用微博必须先进行注册，这里以腾讯微博为例介绍微博的注册方法。

在浏览器的地址栏中输入http://t.qq.com，按Enter 键登录腾讯微博的首页，如图7-51所示。如果用户已注册了腾讯微博账号，则输入账号名和密码，单击"登录"按钮登录微博。

图7-51 腾讯微博主页

如果还没有注册腾讯微博账号，单击注册新号码按钮进入注册页面，如图7-52所示。在该页面中用户可以通过两种方式开通腾讯微博：

方法一：使用已有的QQ号码直接开通。开通后，你可以快速找到你在微博里的QQ好友，还可以将QQ签名和QQ空间说说同步发表到微博。

方法二：如果你没有使用QQ，可以通过邮箱注册微博。通过邮箱注册微博成功后，你的微博账号将会自动绑定一个QQ号码，你可以使用这个QQ号码享受腾讯的其他服务。

图7-52　微博注册页面

⁂ 动手做2　发表微博

　　用户可以将在生活中看到、听到、想到的，微缩成一句话或者一张图片，发到微博上，和您的朋友分享。登录微博后，在微博首页上方输入框填写你想说的话，单击"广播"按钮，如图7-53所示。同时你也可以绑定手机，通过手机随时随地发表你所看到、聆听到、感悟到的一切。发表微博的方式可以分为两种，使用计算机及使用手机（彩信、短信、WAP）。

图7-53　发表微博

⁂ 动手做3　收听微博

　　收听微博需要先找到感兴趣的人，可以通过以下方法寻找：

- 官方会为你推荐可能感兴趣的人来进行收听。在微博的首页有一个推荐收听列表，系统会为用户列表供选择。
- 在找人页面中查找感兴趣的用户。
- 在微频道页面可以随时看到别人正在广播的内容。
- 直接搜索想要找的名字或微博账号。

　　找到感兴趣的人后，单击用户名字进行个人微博首页，然后单击"立即收听"按钮，如图7-54所示。用户也可以直接单击"收听"按钮进行收听。当你收听了某位用户后，该用户最新的广播内容将会出现在你的主页中。

图7-54　收听微博

动手做4 评论、转播微博

用户看到一个博文后可能会有感而发，此时用户可以对该博文进行评论，也可以转发该博文。在博文的下面，单击"评论"按钮，则用户可以在评论文本框中输入评论的内容，然后单击"评论"按钮发表评论，如图7-55所示。在博文的下面，单击"转播"按钮，则可以对该博文进行转发。

图7-55 评论博文

动手做5 参与话题

用户可以就当下最火爆最热闹的事件发起话题或讨论。发起或者参与话题讨论，可以认识更多的网友，和他们成为朋友，分享更多的信息。在发微博的输入框下面单击"更多"按钮在列表中单击"话题"按钮，单击后就会出现"#输入话题标题#"，如图7-56所示。用户可以在双井号之间输入话题关键字，然后在里面写你想说的话，到时这类话题就会聚集在一起，其他人就可以看到。

图7-56 发起话题

在微博首页的右侧有一个热门话题列表，用户可以单击某一个话题，进入该话题页面，如图7-57所示。在这里用户可以看到其他人对话题的讨论，用户可以发表博文参与讨论。也可以对其他的人博文进行评论或转播。

图7-57 参与话题

巩固练习

1．登录腾讯微博，在微频道页面收听某一个频道。
2．登录腾讯微博，在找人页面中查找感兴趣的用户并进行收听。

项目任务7-5 网络多媒体

探索时间

1．有过在网络上看电视节目的经历吗？在网络上看电视你一般会采用哪种方法？
2．有过在网络上看电影的经历吗？在网络上看电影你一般会采用哪种方法？
3．有过在网络上听音乐的经历吗？在网络上听音乐你一般会采用哪种方法？

动手做1 网络电视

随着电视的普及，在Internet上网络电视也开始繁荣。在Internet上有些网站提供了在线收看电视的服务，如图7-58所示的中国网络电视台网站就提供了在线收看电视节目的服务。

图7-58 在线收看电视

在该页面中用户不但可以收看央视频道、全国的卫视频道以及城市频道，还可以单独收看一些热播的剧目。

提示

为了方便用户观看中国网络电视台，用户可以在首页的导航栏中单击"CBox客户端"按钮，进入CBox客户端官方下载页面下载并安装CBox客户端。CBox是中国网络电视台的客户端软件。安装后，可从桌面轻松单击进入，体验中国网络电视台丰富优质的视频内容和强大的视频功能服务。拥有包括视频直播、点播、电视台列表、智能节目单、视频搜索等功能，实现个性化电视节目播放与提醒，让网友更加自由、方便地体验中国网络电视台。CBox客户端的界面如图7-59所示。

图7-59　CBox客户端

为了更加方便地收看网络电视，一些网络电视软件应运而生，如沸点网络电视、PPS网络电视、PPLive等。这些软件利用流媒体技术通过宽带网络传输数字电视信号给用户，这种应用有效地将电视、电信和PC三个领域结合在一起，具有很好的发展前景。

这里简单介绍一下如何使用PPS软件收看电视节目，用户可以在网上下载PPS客户端软件。PPS客户端的安装是向导式的，非常简单，一般不会出现问题，用户可以自行安装。

安装完毕后，桌面会出现一个快捷方式"PPS影音"，双击"PPS影音"打开播放器。在播放器左边单击频道列表中"＋"号或双击频道分组，频道列表会展开，选择频道后会显示如图7-60所示画面。想要播放节目有两种方法，用户可以在要看的节目上双击，也可右击选择"播放"。

图7-60　PPS播放器界面

动手做2　网上看电影

在宽带越来越普及的今天，上网看电影、下载电影便成了"家常便饭"。与在电影院看电影相比，上网看电影有更多的优点：想什么时候看、看什么、看多少，完全可以随心所欲，最重要的是有些还可以免费观看呢！

目前最专业的电影网站是电影网，在该网站用户不但可以观看电影还可以观看影视资讯，如图7-61所示。

图7-61　电影网首页

目前网络上专业的影视网站较多，这些网站都能提供高清电影及电视剧的在线点播，最著名的有风行、迅雷看看等，用户可以到这些网站观看自己喜爱的电影和电视节目，图7-62所示就是风行网的首页。

图7-62　风行首页

在风行网中找到喜爱的电影后单击电影名称链接，则进入如图7-63所示的电影页面，在页面中单击"立即观看"按钮，则开始播放电影，播放页面如图7-64所示。

图7-63　电影页面

图7-64　电影播放页面

另外风行和迅雷看看这两个专业电影网站还提供专门的播放器，如果用户经常去网站看电影，则可以下载播放器。如图7-65所示就是风行播放器，该播放器不但可以播放计算机上本地硬盘的影视文件，而且用户可以直接在影视库页面中寻找自己喜欢的影视节目，而不必再去风行网站。

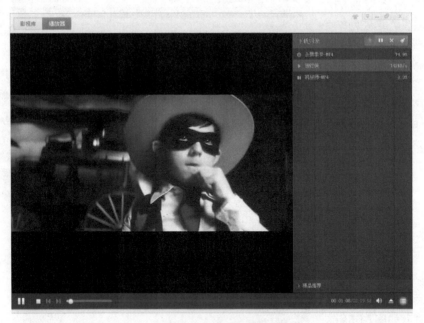

图7-65　风行播放器

另外，用户还可以在繁忙的时候利用风行播放器下载影视，然后在空闲的时候观看。首先用户在影视库页面中找到喜爱的影视，左击影视名称，则在播放器页面中自动播放该影视，用户可以在影视库页面中多次选择喜爱的影视，这些被选择的影视被添加到下载列表中，如图7-66所示。用户可以单击播放器上的"停止"按钮停止影视的播放，在下载列表中的影视上右击，在快捷菜单中选择"下载任务"命令，则下载当前任务。用户可以下载一个任务，也可以下载多个任务。用户再次启动风行播放器后，可以在播放列表中双击上次没有看完的影视继续播放，也可以双击已经下载完的影视进行观看。

图7-66　利用风行播放器下载影视

提示

由于版权的问题，在专业的影视网站中用户不一定能找到自己想要看的电影，此时用户可以使用搜索引擎来搜索想要看的电影。

动手做3　网络音乐

在Internet上有很多专门的音乐网站，大多数的音乐网站，都提供在线视听、音乐下载、在线交流、音乐收藏等功能，网站上提供了许多优秀歌手的专辑和流行的单曲，用户可以在线视听或者将其下载到本地硬盘上。

图7-67　酷狗音乐网站首页

图7-67所示就是酷狗音乐网站的首页，在这里用户可以按照歌手、专辑排行榜等分类寻找自己喜欢的音乐。

找到喜爱的音乐后，用户可以单击"播放"按钮，则进入酷狗播放音乐页面，如图7-68所示。如果播放了多首歌曲，这些歌曲的名称将显示在默认列表中，用户可以利用"上一首"或"下一首"按钮选择播放歌曲。

图7-68 酷狗音乐播放页面

教你一招

想要收听或下载心仪的歌曲，用户还可以利用搜索引擎在网上进行搜索。

项目任务7-6 网络游戏

探索时间

小王决定在计算机上安装QQ游戏，这样在自己无聊时可以上网斗斗地主进行娱乐，小王应如何操作才能在网上和其他人一起玩斗地主的游戏？

动手做1 了解网络游戏的形式

网络游戏，英文名称为Online Game，又称"在线游戏"，简称"网游"。指以互联网为传输媒介，以游戏运营商服务器和用户计算机为处理终端，以游戏客户端软件为信息交互窗口的旨在实现娱乐、休闲、交流和取得虚拟成就的具有可持续性的个体性多人在线游戏。

网络游戏的诞生让人类的生活更丰富，从而促进全球人类社会的进步。并且丰富了人类的精神世界和物质世界，让人类的生活的品质更高，让人类的生活更快乐。

网络游戏的形式可以分为两类：浏览器形式和客户端形式。

基于浏览器的游戏，也就是我们通常说到的网页游戏，又称Web游戏，它不用下载客户端，简称页游。是基于Web浏览器的网络在线多人互动游戏，无须下载客户端，只需打开IE网页，即可进入游戏，不存在机器配置不够的问题，最重要的是关闭或者切换极其方便，尤其适合上班族。其类型及题材也非常丰富，典型的类型有角色扮演（功夫派）、战争策略（七雄争霸）、社区养成（洛克王国）、模拟经营（范特西篮球经理）、休闲竞技（弹弹堂）等。

客户端形式网络游戏由公司所架设的服务器来提供游戏，而玩家们则是由公司所提供的客户端来连上公司服务器以进行游戏，而现在称之为网络游戏的大都属于此类型。此类游戏的特征是大多数玩家都会有一个专属于自己的角色（虚拟身份），而一切角色资料以及游戏资讯均记录在服务端。此类游戏大部分来自欧美以及亚洲地区，这类型游戏有World of Warcraft（魔兽世界）（美国）、穿越火线（韩国）、EVE（冰岛）、战地（Battlefield）（瑞典）、最终幻想14（日本）、天堂2（韩国）、梦幻西游（中国）等。

⁝⁝ 动手做2　了解网络游戏的种类

网络游戏的种类可以分为以下几种：

1．休闲网络游戏：即登录网络服务商提供的游戏平台后（网页或程序），进行双人或多人对弈的网络游戏。这种游戏又分为两种。

● 传统棋牌类：如纸牌、象棋等，提供此类游戏的公司主要有腾讯、联众、新浪等。

● 新形态（非棋牌类）：即根据各种桌游改编的网游，如三国杀、UNO牌、杀人游戏、大富翁（地产大亨）等。

2．网络对战类游戏：即玩家通过安装市场上销售的支持局域网对战功能游戏，通过网络中间服务器，实现对战，如CS、星际争霸、魔兽争霸等，主要的网络平台有盛大、腾讯、浩方等。

3．角色扮演类大型网上游戏：即RPG类，通过扮演某一角色，通过任务的执行，使其提升等级，得到宝物等，如大话西游、传奇等，提供此类平台的主要有盛大等。

4．功能性网游：即非网游类公司发起借由网游的形式来实现特定功能的功能性网游：光荣使命（南京军区开发用于军事训练用途）、清廉战士（用于反腐保先教育）、学雷锋（盛大出品的教育网游）等。

⁝⁝ 动手做3　下载安装QQ游戏大厅

QQ网络游戏是腾讯自研游戏产品，目前已涵盖棋牌麻将、休闲竞技、桌游、策略、养成、模拟经营、角色扮演等游戏种类，是名副其实的综合性精品游戏社区平台。

QQ游戏需要使用QQ账号登录，如果用户还没有QQ号，可以免费申请一个。

要开始玩QQ游戏，需先下载安装QQ游戏大厅，用户可以通过以下两种途径获取到QQ游戏大厅：从QQ游戏官网获取和从QQ下载QQ游戏大厅。

用户可以进入QQ游戏官网进行下载安装。

如果用户不知道QQ游戏官网地址，可以直接从QQ上进行下载。启动QQ，单击QQ最下面的"QQ游戏"图标（如图7-69所示），如果用户尚未安装QQ游戏，会弹出QQ游戏"在线安装"窗口，如图7-70所示。单击安装按钮开始下载并安装QQ游戏。

图7-69　单击"QQ游戏"图标

图7-70　"在线安装"窗口

动手做4 进入QQ游戏大厅

QQ游戏安装完成后，会在您的桌面生成一个QQ游戏图标快捷方式。双击QQ游戏图标，打开QQ游戏登录窗口，如图7-71所示。在账号文本框中输入用户的QQ号码，在密码文本框中输入QQ密码，单击"登录"按钮即可登录游戏大厅，如图7-72所示。

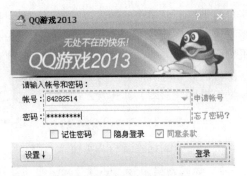

图7-71 QQ游戏登录窗口

图7-72 QQ游戏大厅

教你一招

如果已经下载并安装了游戏大厅，单击QQ下方的"QQ游戏"按钮，可不用再次输入QQ账号和密码，直接快速进入QQ游戏大厅。

动手做5 安装游戏

登录QQ游戏后，在游戏大厅窗口顶部单击"游戏库"按钮，进入游戏库，如图7-73所示。在游戏库中用户可以选择游戏库中推荐的游戏。选择一个用户想玩的游戏，比如"五子棋"，单击图标进入游戏介绍页面，如图7-74所示。单击"添加游戏"按钮，系统会自动开始下载和安装游戏，安装完成后，游戏会添加在"我的游戏"列表中。

图7-73　游戏库页面

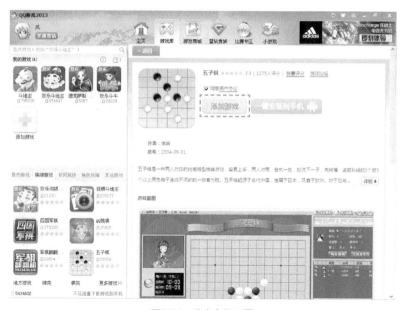

图7-74　游戏介绍页面

动手做6　进入房间开始游戏

在游戏大厅左侧我的游戏列表中，选择一个用户要玩的游戏，如选择"五子棋"。单击游戏图标，打开游戏选房窗口，如图7-75所示。

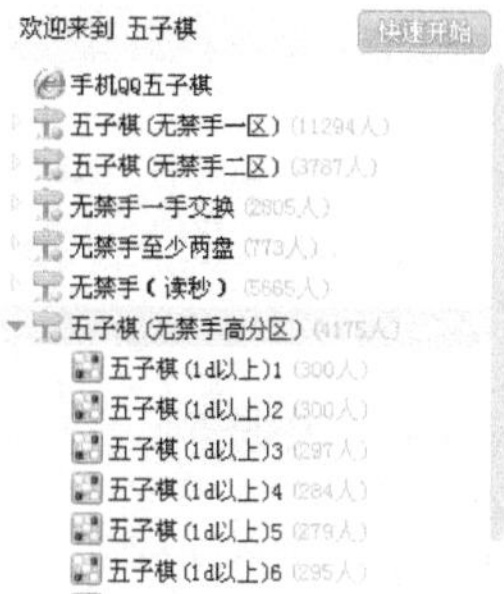

每个区图标右下角的小圆点，标识着这个区当前的人数负载状况。"🖥"代表爆满，"🖥"代表拥挤，"🖥"代表空闲。用户可以根据需要，选择一个区进入。单击一个区，展开区下面的房间列表。双击一个房间名，可以进入游戏房间，如图7-76所示。

图7-75　选房间

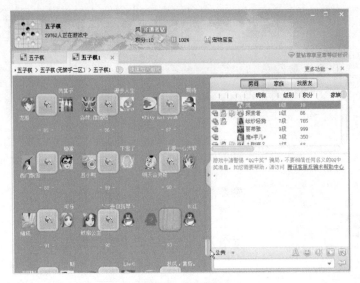

图7-76　进入房间

　　进入游戏房间后，在房间窗口左侧显示有一个个游戏桌和游戏桌上的玩家。用户可以选择一个还未开始游戏的桌子加入游戏。显示带有问号的座位代表还没有玩家加入，用户可以单击带有问号的座位加入游戏。加入游戏后，单击"开始"按钮，表示你可以开始游戏，如果对方也单击"开始"则两人开始游戏，如图7-77所示。

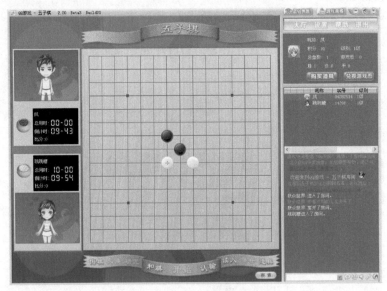

图7-77　开始游戏

课后练习与指导

一、选择题

1．下列关于QQ聊天工具的说法正确的是（　　　）。

　　A．只要知道对方的QQ号码，用户就可以将对方添加为好友

B．在好友不在线的情况下也可以使用QQ向好友传送文件

C．只有双方都安装了摄像头，才能使用QQ的视频功能

D．在查找网友时用户可以设定查找网友的性别、年龄、所在地等信息的条件

2．下列关于论坛的说法正确的是（　　　）。

A．使用用户名和密码登录论坛后用户才可以发帖、回帖

B．使用用户名和密码登录论坛后用户可以将自己发表的帖子删除

C．论坛中的帖子是以主题的方式进行分类管理的

D．在论坛中用户可以发表任意观点的帖子

3．下列关于博客的说法正确的是（　　　）。

A．在自己的博客空间，用户可以编辑、删除自己发表的日志

B．在博客的日志中用户可以插入图片、视频等内容

C．用户必须登录自己的博客才能访问他人的博客空间，并对空间的内容发表评论

D．用户可以在博客空间建立不同类别的相册，并向相册中上传照片

4．下列关于微博的说法正确的是（　　　）。

A．用户可以在自己的微博中创建相册

B．用户不但可以评论微博，还可以对微博进行转播

C．在微博中用户可以参与某个热门话题的讨论

D．发表微博时用户可以使用图片

5．下列关于网络多媒体的说法正确的是（　　　）。

A．利用客户端软件用户可以非常方便地观看中国网络电视台

B．在电影网站中用户可以找到所有热播的电影

C．在下载了迅雷看看播放器后，用户可以直接在播放器上搜索影片

D．在电影网站可以观看电视剧，在网络电视中也可以观看电影，只是它们的侧重点不同

6．下列关于网络游戏的说法正确的是（　　　）。

A．安装了QQ游戏大厅后，用户就可以玩任意的QQ游戏

B．Flash游戏是网页游戏，在游戏时不用安装

C．用户必须在登录QQ聊天界面后才能登录QQ游戏

D．QQ游戏属于客户端形式的网游

二、填空题

1．QQ聊天工具的图标是＿＿＿＿＿＿＿＿＿＿。

2．在使用QQ工具聊天时，发送信息的组合键是＿＿＿＿＿＿＿＿＿＿。

3．论坛就其专业性可分为＿＿＿＿＿＿＿＿＿和＿＿＿＿＿＿＿＿＿两类。

4．如果按照论坛的功能性来划分，又可分为＿＿＿＿＿、＿＿＿＿＿＿＿、＿＿＿＿＿＿＿、＿＿＿＿＿＿＿等几类。

5．一个典型的博客结合了＿＿＿＿＿＿＿、＿＿＿＿＿＿＿、其他博客或网站的链接及其他与主题相关的媒体，能够让读者以互动的方式留下意见，是许多博客的重要因素。

6．微博用户可以通过Web、WAP以及各种客户端组建个人社区，以＿＿＿＿＿＿＿＿字左右的文字更新信息，并实现即时分享。

7．网络游戏的形式可以分为＿＿＿＿＿＿＿和＿＿＿＿＿＿＿两类。

8．网络游戏的种类可以分为＿＿＿＿＿＿＿、＿＿＿＿＿＿＿、＿＿＿＿＿＿＿、＿＿＿＿＿＿＿等几种。

三、简答题

1. 如果用户想查找男性、40岁以上、目前在线的网友应如何进行查找？

2. 在使用QQ传送文件时，用户是否可以随时取消传送？如果可以取消应如何取消？

3. 网络论坛具有哪些特点？

4. 在QQ空间中用户可以通过哪些方式展现自己？

5. 微博具有哪些特点？

6. 在论坛中普通用户一般可以进行哪些操作？管理员一般可以进行哪些操作？

7. 在收听微博时用户可以通过哪些方式查找感兴趣的人？

8. 说出你所知道的目前网络上专业影视网站的名字。

四、实践题

练习1：向朋友索要对方的QQ号码，将其加为好友，然后使用QQ向网友发送文件。

练习2：在某个论坛上注册一个用户，然后在论坛中浏览、发表、回复帖子。

练习3：开通自己的QQ空间，然后在空间中发表日志，创建相册，发表说说。

练习4：在腾讯微博上注册一个账号，然后发表一篇微博。找到一篇别人发表的微博，然后对其进行评论。

练习5：在中国网络电视台网站观看中央一套电视节目。

练习6：在风行网站查找自己喜爱的电影，并进行观看。

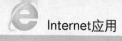
Internet应用

模块 08

Internet的综合应用

你知道吗?

丰富的网络资源和网络服务大大加快了现代人的生活节奏,比如:可以在校友录中联系到多年未见的老同学;周末在家与朋友聚会,突然发现手机没有话费了,你可以通过网络直接续费等,Internet的这些应用正在悄然地改变着着人们的工作、学习与生活方式。

学习目标

➢ 实用信息查询
➢ 网上求职
➢ 网上银行
➢ 网上购物
➢ 在网上寻找昔日好友
➢ 网络鹊桥

项目任务8-1 实用信息查询

探索时间

1. 小王下周一要去北京参加一个会议,由于小明还没去过北京,他不知道从杭州到北京有哪些车次的火车,这些火车什么时间发车,什么时间到站,他是否能从网上查询到这些信息?应该如何进行查询?

2. 小王参加会议的地址是国贸大厦,他不知道下了火车后如何乘坐公交车才能到达目的地,他是否能从网上查询到从北京南站如何乘坐公交才能到达国贸大厦?应该如何进行查询?

❖ 动手做1 查询建筑、餐厅、旅游景点

百度地图搜索的使用很简单,搜索地点的大致方法如下:

Step 01 在浏览器地址栏输入百度地图的网址,打开百度地图页面,如图8-1所示。

Step 02 单击"修改城市"按钮,打开城市列表,在列表中选择城市,例如这里选择"北京"。

Step 03 在百度地图页面上面的文本框中输入要查找的地点关键字,比如输入"图书大厦",然后单击"百度一下"按钮进行查找。

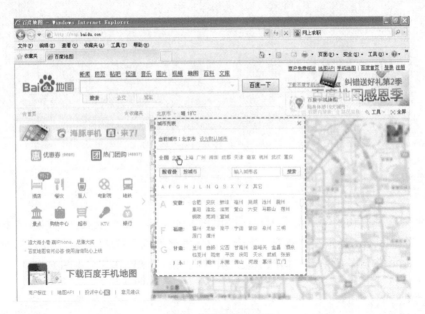

图8-1　百度地图页面

Step 04　如果在所选城市范围内有多个与搜索地点关键字有关，其结果会在页面左边以分页列表的形式显示，用户可根据需要单击列表中选择要显示的地点，如图8-2所示。

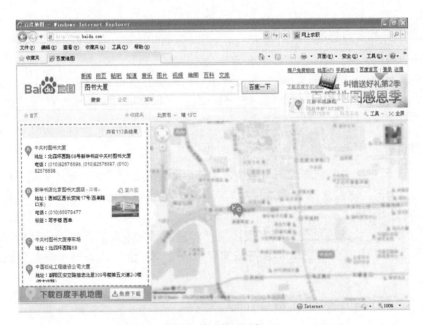

图8-2　查询结果列表

Step 05　在这里单击"新华书店北京图书大厦"则会在页面中显示新华书店北京图书大厦的位置，同时在显示的小页面中会显示出该位置详细的信息，如图8-3所示。

Step 06　用户可以利用地图左边的"放大"和"缩小"按钮调整地图的大小比例，还可以利用移动按钮"上下左右"平移地图。

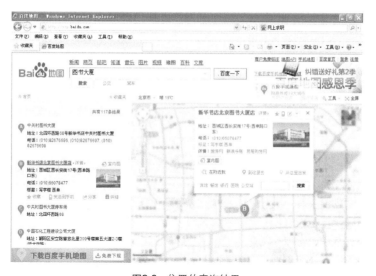

图8-3　位置的查询结果

❀ 动手做2　查询公交换乘或驾车路线

这里还以使用百度地图为例
介绍如何换乘公交车，基本方法如
下。

Step**01**　打开百度地图页面，首先在
搜索框的下面单击"公交"选项；
然后单击页面中的"修改城市"按
钮，打开城市列表，在列表中选择
城市如选择"北京"；在起始地址
框中输入起始点如输入"北京西客
站"，在终点地址框中输入到达的
终点，如"鸟巢"，如图8-4所示。

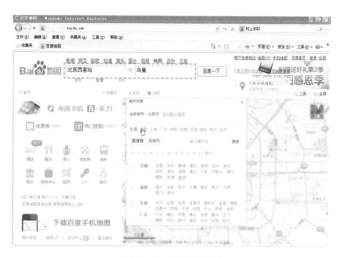

图8-4　输入起点与终点

Step**02**　单击"百度"按钮，则进入
公交换乘页面，如图8-5所示。

Step**03**　在左侧列出了公交和地铁换
乘的不同方案，单击具体的换乘方
案，则会列出该方案的具体换乘方
式，而且还会在地图中显示出相应
的路线图，如图8-5所示。

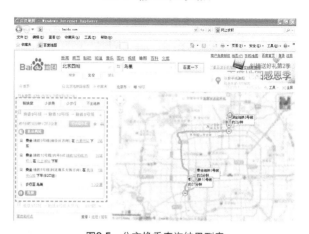

图8-5　公交换乘查询结果列表

默认情况下在页面左侧显示的方案较快捷，用户还可以选择"少换乘"、"少步行"等方案，用户只需在左侧页面单击相应方案即可。如单击"少步行"则结果如图8-6所示。

提示

现在大多数城市都在网上发布了本地的网上地图和公交查询服务，为了能够使查找更为精确，用户在查找某个城市的地图或公交路线时可以使用本市发布的网上地图和公交查询服务，如用户在查询北京的公交路线时，可以登录北京公交网进行查询，如图8-7所示。

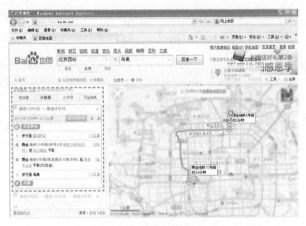

图8-6 "少步行"公交换乘查询结果列表

动手做3 火车车票查询

通过网络查询火车车次为出行提供了很大方便，目前互联网上的专业火车车次查询网站很多，用户可直接在百度搜索引擎中查询"火车车次查询"关键字查找这些网站，这里着重介绍制作和信息比较专业、功能全面的12306铁路客户服务中心，网站首页如图8-8所示。

图8-7 北京公交查询

图8-8 12306铁路客户服务中心

在铁路客户服务中心查询火车票的基本方法如下：

Step 01 在网站首页页面的左侧可以看到一个列表，在这里如果旅客单击"列车时刻表查询"则进入列车时刻表查询页面，如图8-9所示。单击"列车时刻表查询"按钮，打开一个下拉列表，在列表中用户可以选择查看的方式，默认是按"车次查询"，这里选择"发到站查询"。

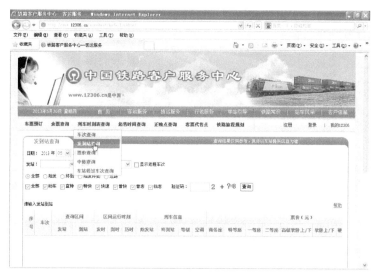

图8-9　发到站查询

Step 02 在日期中选择日期，在发站文本框中输入站名，如输入"郑州"；在到站文本框中输入站名，如输入"广州"；在始发与路过区域选择"全部"；在列车类型区域选择"动车"；输入验证码，然后单击"查询"按钮，即可得到车次的查询结果，如图8-10所示。

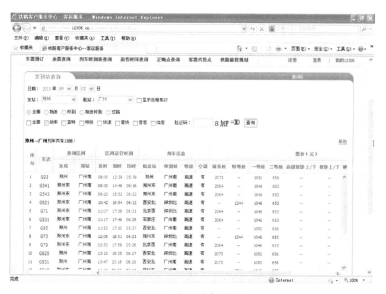

图8-10　发到站查询结果

Step 03 单击"余票查询"按钮，进入余票查询页面。在始发地文本框中输入始发地车站，如输入"郑州"；在目的地文本框中输入目的地城市，如输入"广州"；在出发时间下拉列表中选择"出发时间"；选择列车类型，如"动车"，单击"查询"按钮，则显出余票查询的结果，如图8-11所示。

图8-11 余票查询结果

Step **04** 在结果列表中用户可以看到哪些车次还有什么样的票可购买。

提示

如果用户有网上银行，在12306铁路客户服务中心首页中单击"购票/预约"则进入如图8-12所示的登录页面。在页面中用户输入用户名和登录密码，单击"登录"按钮，在登录的页面中用户可以在网上订票，如果用户还没有用户名和密码，则需要单击"新用户注册"按钮注册一个新的用户。

图8-12 用户登录页面

※动手做4 天气预报查询

现在，通过网络不听广播不看电视也可以随时知道全国各地的天气情况，这里推荐一个由中央气象局中央气象台开办的专业气象预报网站。

在气象预报网站上查询天气预报的基本方法如下：

Step **01** 在浏览器中输入网址打开网站的首页，如图8-13所示。

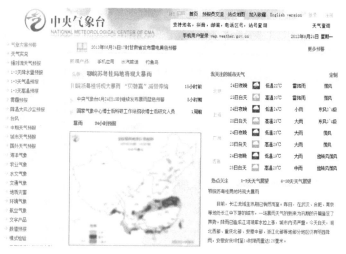

图8-13　中央气象台首页

Step 02　打开中央气象台首页后，在左侧单击"城市天气预报"链接，打开城市天气预报栏目，如图8-14所示。

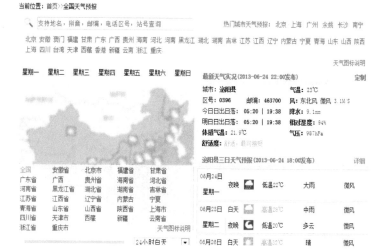

图8-14　城市天气预报

Step 03　单击所要查询的城市所在的省份，如"河南"，单击"河南"后页面就会自动刷新成河南省天气预报，页面默认显示的是河南省会郑州的天气预报，如图8-15所示。

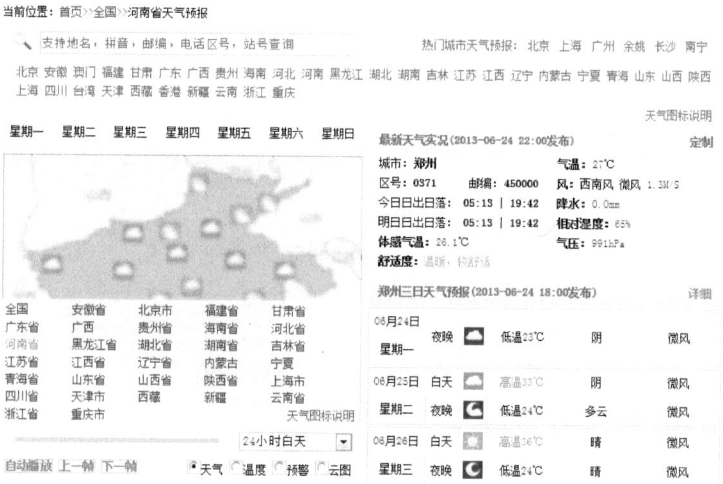

图8-15　河南省天气预报

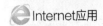

Step **04** 滚动右面的滚动条，在页面下方找到要查询的城市，如"周口"。单击"周口"打开新的网页，就可以看到周口未来几天的天气，如图8-16所示。

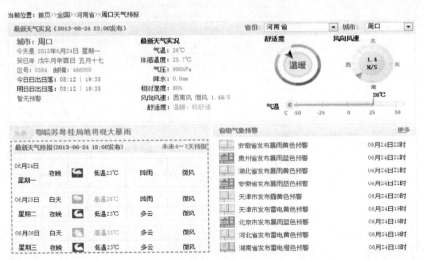

图8-16　河南省周口天气预报

巩固练习

1. 查询北京到广州有哪些始发车次？
2. 查询石家庄未来几天的天气情况？

项目任务8-2　网上求职

探索时间

在公司工作了较长的时间后，小王有了跳槽的想法，他决定先在网上求职碰碰运气，他应该如何在网站上求职？

动手做1　注册

近年来，随着互联网在中国的迅速发展，"网上招聘"这一利用网络信息进行择业的方式得到了迅速发展，供求双方可以利用信息网免费发布需求信息和自荐材料，受到了广大求职者和用人单位的欢迎。

目前人才招聘网很多，在每个网站进行求职的方法虽然不尽相同，但都类似，这里以在中华英才网上进行网上求职为例，简单介绍一下如何在网上求职。

如果是新用户，则首先必须进行注册，在注册时如果用户是企业招聘的则以企业用户注册，如果用户是求职者，则以求职者注册。在这里以求职者注册为例进行介绍，在中华英才网上注册用户的基本方法如下：

Step **01** 首先登录到中华英才网，如图8-17所示。

Step **02** 单击求职者登录后面的"注册"按钮，打开用户注册页面，如8-18所示。

图8-17　中华英才网主页

图8-18　新用户注册

Step03　你可以在邮件地址文本
框中的后面输入用户的电子的
邮箱地址，在创建密码文本框中
输入密码，输入完毕之后，单击
"立即注册"，打开个人信息的
补充页面，如图8-19所示。

图8-19　个人基本信息

Step**04** 填写个人基本信息，包括姓名、性别和出生日期等等，填写准确无误时，单击"保存，下一步"按钮，打开个人信息的教育经历的填写页面，如图8-20所示。

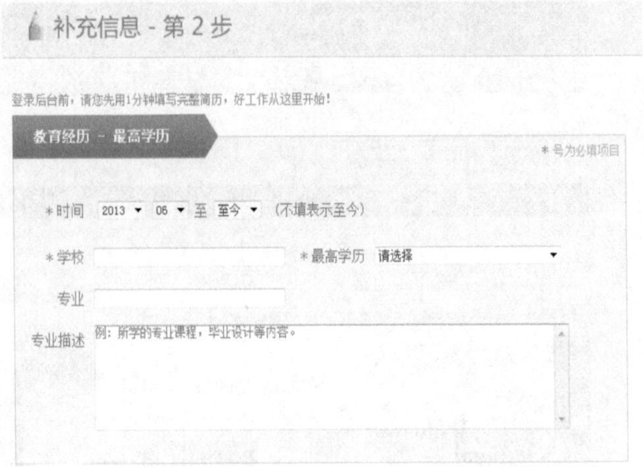

图8-20　教育经历信息

Step**05** 填写教育经历基本信息，包括时间、学校和最高学历等。然后再填写最近一份工作经历，如果用户有多个工作经历，在最近一份工作经历的下面单击"添加工作经历"按钮，继续添加工作经历，填写准确无误时，单击"保存，完成"按钮，此时就注册成功了，如图8-21所示。

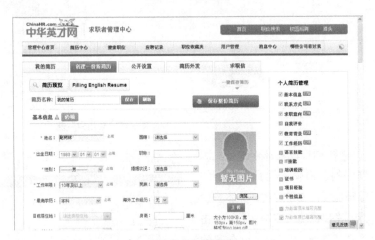

图8-21　注册成功

Step**06** 由于在这里创建的简历只是概要，单击"完善简历"按钮，进入如图8-22所示的页面，在这里用户对自己的简历进一步来完善。

图8-22　完善简历

※ 动手做2　简历管理

注册成为会员后，即可使用该用户名登录，用户登录后首先应对自己的简历进行管理，管理简历的基本操作方法如下：

Step**01** 登录到中华英才网，单击"求职者登录"按钮，打开求职者登录页面，如图8-23所示。

Step**02** 在账号文本框中输入注册的用户名，在密码文本框中输入密码，然后单击"立即登录"按钮，登录到我的英才网求职者管理中心页面。单击"简历中心"选项，打开简历中心页面，如图8-24所示。

图8-23　求职者登录页面

图8-24　我的管理中心页面

Step03　在简历列表中列出了已创建的简历，用户可以对简历进行修改、下载、外发和预览等操作。单击"预览"按钮用户可以预览简历，如图8-25所示。

图8-25　预览简历

Step **04** 如果用户对简历不满意，可以单击"修改"按钮，对简历进行修改。

Step **05** 用户可以针对不同企业的文化氛围制作不同的简历，单击"创建一份新简历"按钮，用户可以创建一个新的简历。

Step **06** 用户还可以上传具有个性的附件简历，单击"创建附件简历"按钮，打开创建附件简历页面，如图8-26所示。在页面中单击"浏览"按钮，打开"选择要加载的文件"对话框，在对话框中选中要上传的附件简历后，单击"打开"按钮，则在上传附件列表中显示出上传附件的文件名称，单击"上传附件"按钮，则将附件简历上传。

创建附件简历	创建一份新简历

创建附件简历 上传的简历附件支持：txt、doc、xls 三种格式 附件大小限制500KB

上传附件：[　　　　　　　　] [浏览...]　　　　　　　　　　　　[上传附件]

图8-26　创建附件简历

提示

在填写简历时不要太花哨，但也没必要过分谦虚，总之要注意真实性，同时在简历中尽量避免其他一些不利因素。

▶ 动手做3　搜索职位

在网上已经建立自己的简历以后，用户就可以在网上寻找适合自己的职位，然后投递简历，在网上搜索职位的基本方法如下：

Step **01** 在中华英才网的首页，单击"职位搜索"选项进入招聘信息页面，如图8-27所示。

图8-27　招聘信息页面

Step02 单击"行业选择器"按钮，打开行业选择器列表，如图8-28所示。在列表中选择招聘信息的行业，如选择"计算机软件"，单击"确定"按钮返回。

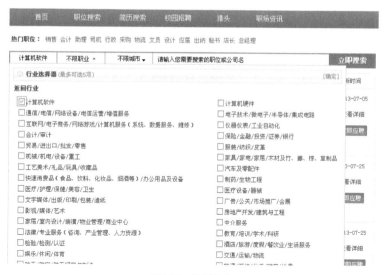

图8-28 选择行业

Step03 单击"岗位选择器"按钮，打开岗位选择器列表，如图8-29所示。在列表中选择招聘信息的岗位，如选择"项目管理"，单击"确定"按钮返回。

图8-29 选择岗位

Step04 单击"城市选择器"按钮，打开城市选择器列表，如图8-30所示。在列表中选择城市，如选择"北京"，单击"确定"按钮返回。

图8-30 选择城市

Step05 在请输入您需要搜索的职位或公司名文本框中输入公司或职位名称，如输入"项目经理"，单击"立即搜索"按钮，打开搜索结果页面，如图8-31所示。

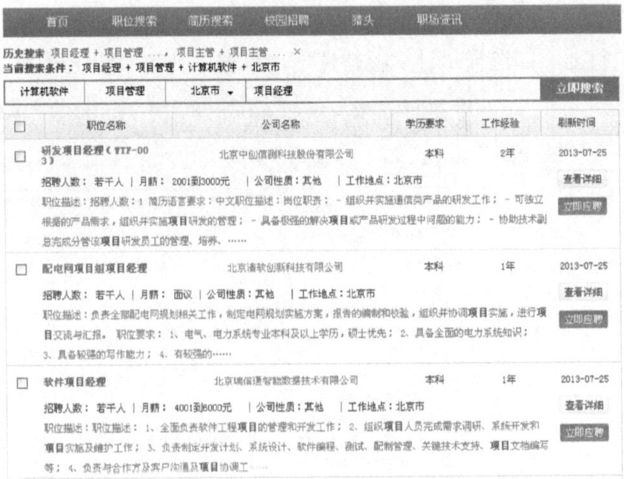

图8-31 职位搜索结果

Step06 在搜索结果列表中查找符合自己的职位，单击某个职位后面的"查看详细"按钮，则进入详细信息页面，如图8-32所示。

Step07 单击某个职位后面的"立即应聘"按钮，则进入应聘职位页面如图8-33所示。在该页面中用户可以按照页面中提示的步骤选择要应聘的职位，选择要发送的简历以及求职信等。

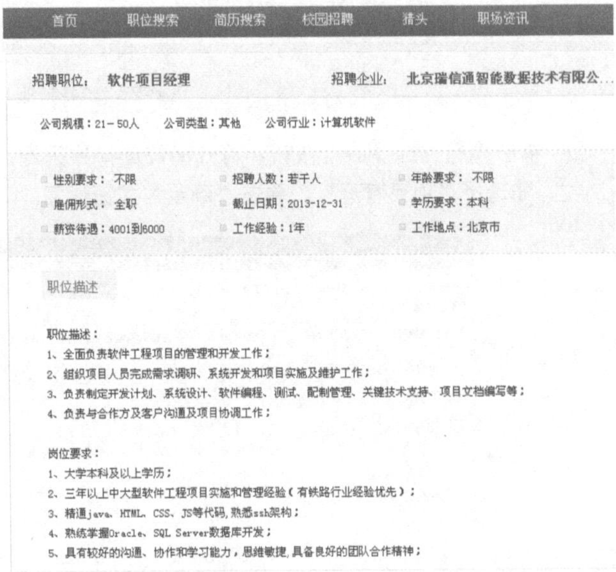

图8-32 查看详细信息页面

Step08 单击"应聘以上选中的职位"按钮，则向对方发送申请，应聘成功后将显示职位应聘成功页面。当用户应聘了一些职位后，在求职者管理中心页面单击"应聘记录"选择，则可以看到自己的应聘记录，如图8-34所示。

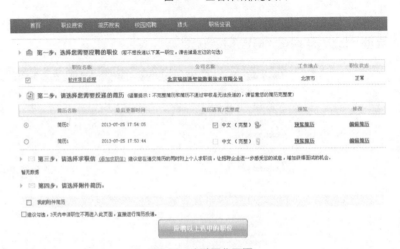

图8-33 应聘职位页面

图8-34　应聘记录页面

⚛ 动手做4　校园招聘

中华英才网上还有一个专门的校园频道，在校园招聘中求职的基本方法如下：

Step 01　在页面中单击"校园招聘"，进入校园招聘页面，如图8-35所示。

图8-35　校园招聘页面

Step 02　在页面中用户可以使用职位搜索功能来寻找职位，在公司/职位名称文本框中输入职位或公司的名称，如输入"软件开发"，在请选择工作地点文本框中输入工作地点，如输入"北京"，在请选择发布时间下拉列表中选择发布的时间，单击"搜索"按钮，则进入搜索结果页面，如图8-36所示。

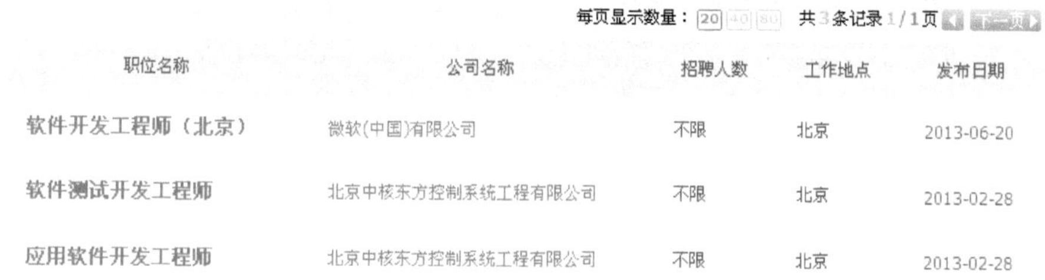

		每页显示数量： 20 40 80　共3条记录1/1页 ◀ 下一页 ▶			
职位名称	公司名称	招聘人数	工作地点	发布日期
软件开发工程师（北京）	微软(中国)有限公司	不限	北京	2013-06-20
软件测试开发工程师	北京中核东方控制系统工程有限公司	不限	北京	2013-02-28
应用软件开发工程师	北京中核东方控制系统工程有限公司	不限	北京	2013-02-28

图8-36　职位搜索结果

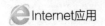

Step 03 单击职位名称进入公司招聘页面，如图8-37所示。不同公司的招聘页面不尽相同，用户可以根据实际情况来申请职位。

图8-37 申请职位

Step 04 用户还可以在热点企业区域寻找企业招聘的情况，如图8-38所示。在热点企业区域单击某一个企业，如单击"上海乐宝日化有限公司"，则进入该公司的招聘页面，如图8-39所示。

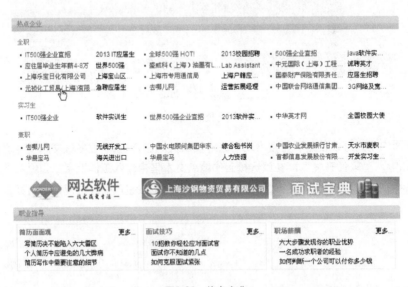

图8-38 热点企业

Step 05 在招聘职位列表中单击某个职位，则进入职位介绍页面，如图8-40所示。

Step 06 如果该职位的要求符合自己的情况，则单击"立即应聘"按钮开始应聘。

上海乐宝日化有限公司　　　　　　　　　　　　　　　分享到：　　　　0

▫ 成立年份：	▫ 注册资金：不详	▫ 公司网址：www.lifebeauty.n…
▫ 公司规模：500人以上	▫ 公司类型：民营/私企	▫ 公司行业：快速消费品（食品，饮…

公司简介：

上海乐宝日化有限公司是一家具有国际水准的日化产品OEM/ODM专业加工制造商，专注于化妆品、口腔护理用品、健康保养品、及相关精细产品的研究、开发与制造。公司拥有国内第一流的生产设施和设备，完全按照ISO9001、ISO14001以及GMPC国际标准组织生产和实施质量控制，并通过了ISO9001、ISO14001、GMPC的认证。精良的装备，科学、严格的管理，确保了为客户提供优质、高效、精准的服务，超值如愿完成客户交付的代加工任务。

公司地址：　上海宝山区丰翔路2000路

招聘职位：

职位名称	招聘人数	学历要求	工作经验	工作地点	薪酬待遇
实验室主管	若干名	本科	1年	上海市	面议
采购主管/专员	1名	大专	--	上海市	面议
包装采购员/采购助理	1名	大专	--	上海市	面议
业务跟单员	1名	大专	--	上海市	面议
仓管	1名	大专	1年	上海市	面议

图8-39　公司招聘职位页面

招聘职位：　实验室主管　　　　　　招聘企业：　上海乐宝日化有限公司

公司规模：500人以上　　公司类型：民营/私企　　公司行业：快速消费品（食品，饮料，化妆品,烟酒

▫ 性别要求：不限	▫ 招聘人数：若干人	▫ 年龄要求：不限
▫ 雇佣形式：全职	▫ 截止日期：2014-04-01	▫ 学历要求：本科
▫ 薪资待遇：面议	▫ 工作经验：1年	▫ 工作地点：上海市

职位描述

工作内容：

1. 实验室日常管理工作

2. 设立标准检测流程，保证结果的准确性

3. 编写和完善检验相关的文件和作业指导书

4. 所属人员工作的指导和培训

✓ 立即应聘　　　加入收藏　　　查看全部职位

图8-40　职位介绍页面

⋙ 动手做5　职位搜索订阅

在英才网个人会员可创建5个职位搜索订阅器，系统将根据搜索器的设置自动发送最新匹

185

配职位。求职者随时可以查看最新职位，不用在大量的职位信息中费时费力的查找所需职位，不需要担心遗漏掉职位信息。

目前的就业环境形势不好，第一时间内获得企业的招聘需求就显得尤为重要，而职位订阅器这一小小的功能恰恰可以满足求职者快速信息的需要，让求职者在快速全面地获得职位信息。还有一类求职群体是伺机而动的跳槽人群，他们并不急于换工作，但是却时常留意招聘信息寻找更合适机会。基于这样的求职需求，选择职位订阅器，可以在第一时间内获取职位信息，不用花多少时间，对职位信息做比较取舍，做好充足的应聘准备。

在英才网中使用职位搜索订阅的基本方法如下：

Step 01 在求职者管理中心页面单击"职位搜索"选项，打开职位搜索页面，单击"职位搜索订阅"按钮，打开职位搜索订阅页面，如图8-41所示。

图8-41 职位搜索订阅页面

Step 02 单击右边的"创建及订阅职位"按钮，打开创建及订阅职位页面，如图8-42所示。

Step 03 在搜索职位文本框中输入要搜索的职位，如"项目经理"，在职位类别下拉列表中选择职位类别，如"项目管理"，在行业类别下拉列表中选择行业类别，如"计算机软件"，在工作地点下拉列表中选择工作地点，如"北京"，按照需要完善其他选项。

图8-42 创建及订阅职位页面

Step 04 在搜索器名称文本框中输入搜索器的名称，选中"我要订阅"复选框。

Step 05 在发送周期下拉列表中选择发送申请的周期，在发送的职位数文本框中输入发送申请的职位数目，在Email文本框中输入电子邮箱地址。

设置完毕以后单击"确认并设置搜索器"按钮，则搜索器保存成功。搜索器设置成功后系统将根据搜索器的设置自动发送最新匹配职位到你的邮箱中。

项目任务8-3 网上银行

探索时间

看到身边的同事用网上银行转账，交话费非常方便，小王决定也开通网上银行，小王想开通工行的网上银行，他应如何来开通？

≫ 动手做1 开通个人网上银行

不同的银行开通网上银行的方法不同，这里以工商银行开通网上银行为例进行介绍。工商银行开通网上银行一般分两种情况，一种是在银行营业厅柜台办理，另一种是网上自助开通网上银行。

1. 银行营业厅柜台办理

在银行柜台开通网银的流程如图8-43所示。

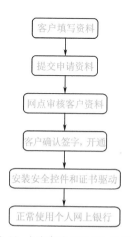

在银行柜台开通时可以申请使用U盾或口令卡，如果用户已开通网上银行且未申请U盾或口令卡，可携带本人有效证件及注册网上银行时使用的银行卡到工行营业网点申请电子银行U盾或口令卡。如果用户尚未开通网上银行，可携带本人有效证件到工行营业网点直接开通网上银行并申请U盾或口令卡。

申领了U盾或口令卡后，用户要在自己的计算机上安装安全控件和证书驱动，首先登录工商银行在线银行首页，如图8-44所示。

图8-43 银行柜台开通网银的流程

图8-44 工商银行在线银行首页

单击"个人网上银行登录"下面的"网银助手",进入网银助手页面,如图8-45所示,在该页面中告诉了用户如何下载、安装工行网银助手,如何利用工行网银助手安装向导完成相关软件的下载与安装。

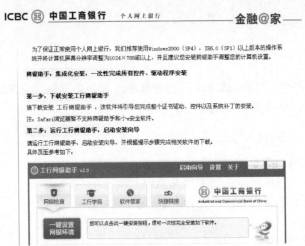

图8-45 工商银行网银助手页面

 提示

电子口令卡可使用1000次,之后需要前往柜台重新申领,而且使用口令卡还有交易金额的限制。

2. 自助开通网上银行

工商银行网上银行自助开通只能查询账户信息,如果需要使用个人网上银行进行转账支付等服务,应选择到工商银行网点开通。

自助开通网上银行的基本方法如下:

Step 01 首先登录工商银行在线银行首页。

Step 02 单击"个人网上银行登录"下面的"注册",进入网上自助注册须知页面,如图8-46所示。

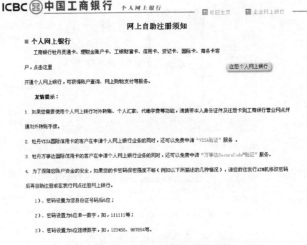

图8-46 网上自助注册须知页面

Step **03** 单击"注册个人网上银行"按钮，打开注册页面，如图8-47所示。输入卡号、密码、验证码，单击"提交"按钮完成网上银行用户自助注册。

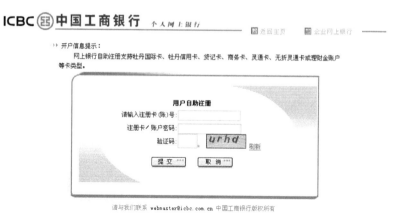

图8-47 自助注册页面

❊ 动手做2 转账汇款

网上银行开通后就可以汇款、转账了，操作方法很简单，下面以中国工商银行网上银行为例介绍一下。

Step **01** 登录工商银行在线银行首页。

Step **02** 单击"个人网上银行登录"按钮，进入登录页面，如图8-48所示。在卡号/用户名文本框中输入卡号和用户名，在登录密码文本框中输入登录密码，在验证码文本框中输入验证码。

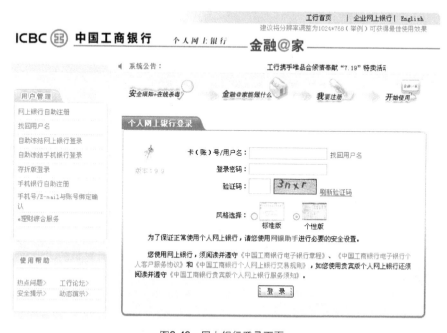

图8-48 网上银行登录页面

Step **03** 单击"登录"按钮，自动转到了用户信息页面，如图8-49所示。

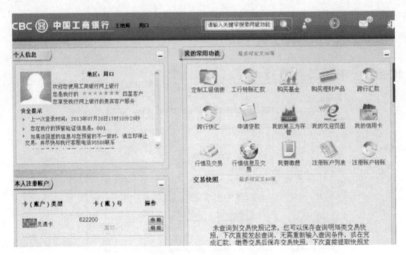

图8-49 用户信息页面

Step 04 如果是跨行转账汇款单击"跨行汇款"选项，这里单击"工行转账汇款"选项，进入如图8-50所示的页面。

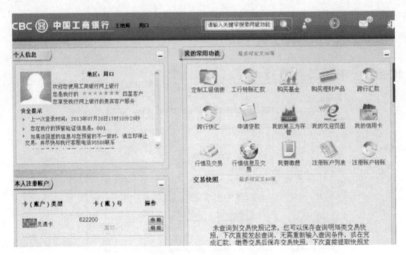

图8-50 输入转账汇款信息

Step 05 所有信息正确填写确认后，单击"提交"按钮进入表单确认页面，如果汇款账户申领了口令卡，则会显示一个口令卡密码输入框，按照口令卡的坐标值输入相应密码，再单击"确认"链接即可完成汇款。如果申请的是U盾，在进行汇款之前，需要将U盾插入计算机的USB插槽，然后输入U盾密码并在U盾上确认才能完成汇款。

❖ 动手做3 网上缴费

通过网上银行可以足不出户的缴纳各种费用，比如电话费、水费、电费等。网上缴费支付很简单，这里以工商银行为例进行介绍，基本操作步骤如下：

Step 01 用户登录到网上银行之后，单击"网上缴费"选项，进入如图8-51所示的页面。

图8-51　网上缴费菜单项

Step**02**　在收费所在的地区列表中选择收费所在的地区，在缴费类型下拉列表中选择缴费类型，单击"查询"按钮，则可查询到缴费的项目，如图8-52所示。

图8-52　查询缴费项目

Step**03**　在缴费项目后单击"缴费"选项，打开输入缴费信息页面，如图8-53所示。

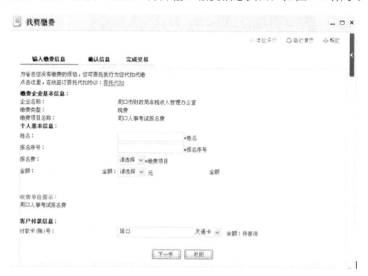

图8-53　输入缴费信息

Step**04**　输入缴费信息后，单击"下一步"按钮，进入缴费信息确认页面，再确认无误后，单击"提交"按钮，进行网上缴费。

项目任务8-4 网上购物

探索时间

小王看到身边的同事在网上淘到很多价格优惠的物品，小王决定也在网上购买物品，在网上购物大体上需要哪几个步骤？

:: 动手做1 了解网上购物的方式

网上购物，就是通过互联网检索商品信息，并通过电子订购单发出购物请求，然后填上私人支票账号或信用卡的号码，厂商通过邮购的方式发货，或是通过快递公司送货上门。国内的网上购物，一般付款方式是款到发货（直接银行转账，在线汇款），担保交易（淘宝支付宝，百度百付宝，腾讯财付通等的担保交易），货到付款等。

从交易双方类型分为两种形式，一种是B2C，即商家对顾客的形式（如以经营图书、音像为主的当当网），另一种是C2C，即顾客对顾客的形式（如淘宝网）。

这里以在淘宝网上购物为例介绍一下，网上购物的方法。

:: 动手做2 注册

如果用户还没有在淘宝上注册，应首先进行注册，注册的基本步骤如下：

Step 01 登录淘宝网首页，如图8-54所示。

图8-54 淘宝网首页

Step 02 在页面中单击"免费注册"按钮，进入注册页面，如图8-55所示。

图8-55　注册页面

Step**03**　在页面中输入会员名、登录密码和验证码后，单击"同意协议并注册"按钮，进入验证账户信息页面，如图8-56所示。

图8-56　验证账户信息页面

Step**04**　在这里用户可以选择使用手机验证或者邮箱验证，如果是使用手机验证，则输入手机号码，然后单击"提交"按钮，随后系统会向手机以短信的形式发送一个验证码，在页面中输入验证码后显示注册成功页面。

Step**05**　淘宝账户注册成功后已同步创建了支付宝账户，如果用户想使用支付宝来进行支付，则应将支付宝的信息补充完整。淘宝账户注册成功后，在淘宝网页面中单击"登录"按钮，进入登录页面，如图8-57所示。

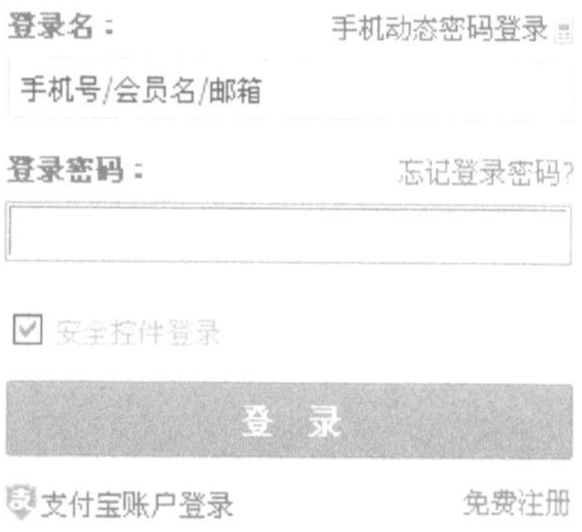

Step**06**　在登录名文本框中输入注册时的邮箱（手机号）或会员名，在登录密码文本框中输入登录密码，单击"登录"按钮。

登录名：　　　　　手机动态密码登录

手机号/会员名/邮箱

登录密码：　　　　忘记登录密码?

☑ 安全控件登录

登 录

支付宝账户登录　　　　免费注册

图8-57　登录页面

Step**07**　以会员的身份登录后，在淘宝网的页面上会显示登录的会员名，单击会员名右侧的下三角箭头，打开一个列表，如图8-58所示。

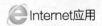

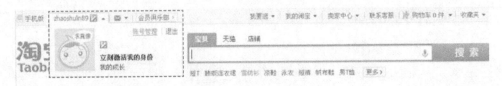

图8-58　会员登录后的页面

Step08　单击"账号管理"选项，则进入账号管理页面，在页面的右侧单击"支付宝绑定设置"选项，进入支付宝绑定设置页面，如图8-59所示。

图8-59　支付宝绑定设置页面

Step09　在账户状态区域单击"立即补全"选项，打开支付宝补全信息页面，如图8-60所示。

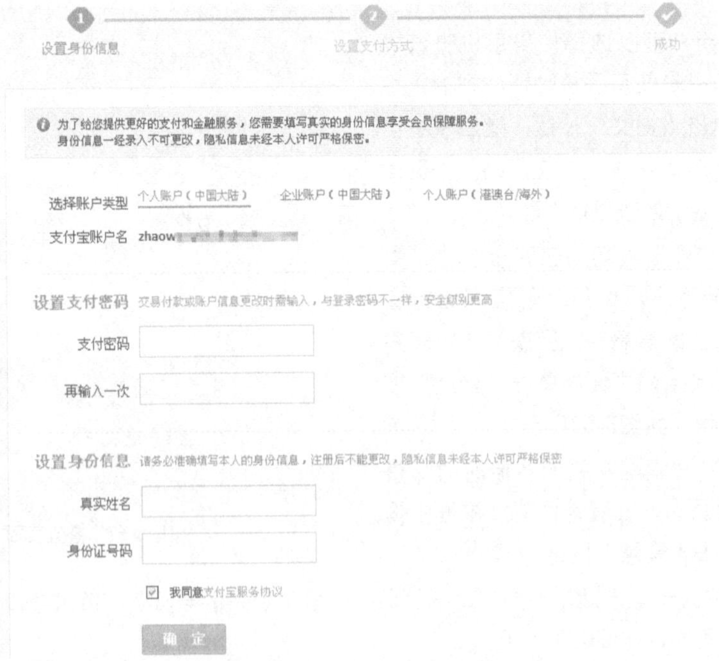

图8-60　支付宝补全信息页面

Step 10 在页面中将支付宝的信息补
充完毕后单击"确定"按钮，进入
设置支付方式页面，如图8-61所
示。在页面中用户可以输入银行卡
号开通快捷支付方式，如果不想开
通快捷支付方式，在页面中单击
"先跳过，注册成功"选项，支付
宝注册完成。

图8-61　设置支付方式页面

提示

快捷支付方式是支付宝联合各大银行推出的全新最安全、轻松的支付方式。付款时无需登录网上银行，只需关联用户的信用卡或者借记卡，每次付款时只需输入支付宝支付密码即可完成付款。

动手做3　搜索要购买的商品

用户在网上购买商品时首先要在网上找到自己要购买的商品，由于淘宝网上的商品种类繁多，因此要在网上找到合适的商品也不是一件容易的事情。用户可以利用淘宝的搜索功能来搜索商品，也可以在淘宝网上的分类中寻找商品。

利用淘宝的搜索功能搜索商品的基本方法如下：

Step 01 在淘宝网首页的上方有一个搜索栏，在搜索栏的文本框中输入需要搜索的宝贝名称，系统支持模糊查询，如输入"电风扇"，单击"搜索"按钮，进入搜索页面，如图8-62所示。

图8-62　搜索需要购买的商品

Step 02 在页面中用户可以在电扇品牌列表中选择电扇的品牌，如果对品牌无要求可以不选择；在电扇类别列表中选择电扇的类别，如选择"落地扇"，在电源方式列表中选择电扇的电源方式，如选择"交流电"，在高级选项中选择电扇的其他性能，如选择"有遥控功能"、价格区间在"200～300元"。

Step 03 设置了条件后，在页面中的宝贝列表中会显示出符合条件的宝贝，用户可以在众多的宝贝中寻找自己需要的商品，如图8-63所示。

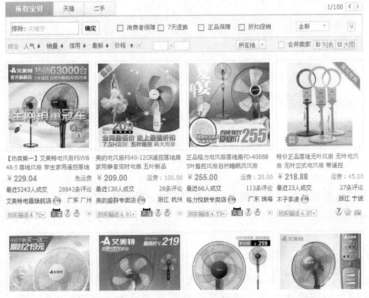

图8-63　搜索到的商品

Step 04 用户可以设置搜索结果列表的显示方式，单击"信用"选项，则将按信用度从高到低进行排序，单击"列表"则列表显示商品，这样更有利于用户选择商品，如图8-64所示。

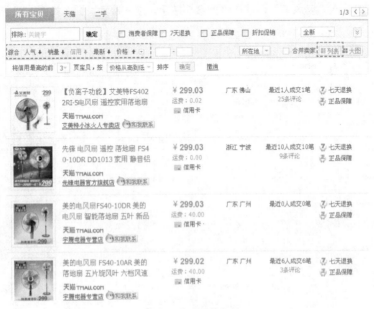

图8-64　搜索到的商品

Step05 从搜索的结果列表中确定所要购买的商品是最关键的，既要使价格较低，又要保障商品质量，这要从多个方面综合考虑。首先要比较商品的价格是否合理，然后要看商品描述是否满足购买者的需求，再看卖家的好评率是多少，还要看卖家的信用积分如何等。卖家的好评率和信用积分在商品的详细页面就可以看到。单击搜索列表中某一商品，打开商品详细信息页面，在页面中的商铺信息详细中用户可以看到卖家的好评率和信用积分，如图8-65所示。

图8-65　卖家的好评率和信用积分

教你一招

淘宝网推荐买家选购带有"　"标识的消费者保障计划宝贝，消费者保障计划为消费者网络购物提供全面保障。申请加入消费者保障计划的店铺，在通过淘宝网的资格审核后，将和淘宝网签署诚信协议，并缴纳诚信押金，淘宝网为这些店铺提供先行赔付担保：买家使用支付宝购买这些卖家的宝贝，在收到货物后14天内出现产品质量等卖家导致的问题，淘宝将帮助买家向卖家提出退货赔付申请，如果卖家对申请不予接受，淘宝将会先行赔付给买家，优先保障消费者的权益。

提示

在搜索商品时用户还可以利用淘宝网的分类进行搜索，例如在淘宝网首页单击服装大类中的"男装"，则进入男装页面，在页面中用户可以选择男装的种类进行搜索，如选择"夹克"，则搜索结果如图8-66所示。

Internet应用

图8-66 利用分类搜索到的结果

动手做4 确认购买

当用户选择了合适的商品后,就可以进行购买了,购买商品的基本方法如下:

Step 01 在商品详细信息页面单击"立刻购买"按钮,则进入选择物品和数量页面,如图8-67所示。

Step 02 选择好商品和数量之后,单击"确定"按钮,进入确认订单信息页面,如图8-68所示。

Step 03 输入收货人信息后单击页面中的"提交订单"按钮,进入收银台页面,如图8-69所示。

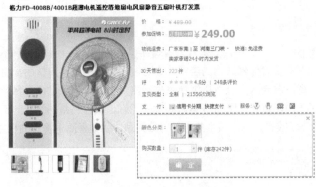

图8-67 选择商品和数量

图8-68 确认订单信息页面

198

图8-69　收银台页面

Step**04**　在这里用户可以选择不同的支付方式，比如使用支付宝，当然用户也可以使用网上银行直接支付。不同的支付方法的具体步骤不同，如选择使用工商银行的网上银行进行支付，单击"下一步"按钮，则进入网银支付页面，如图8-70所示。

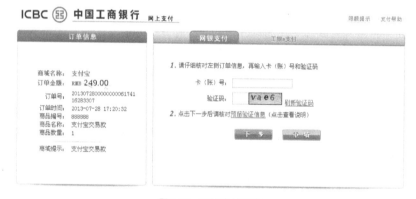

图8-70　网银支付页面

Step**05**　在页面中用户输入自己的网银卡号，然后输入口令即可进行支付。

⁝⁝ 动手做5　确认收货

　　用户付款之后就等着卖家发货，卖家发完货会通知淘宝，淘宝会通知用户。用户可以在淘宝首页上将鼠标指向"我的淘宝"选项，然后在下拉列表中选择"已买到的宝贝"选项，进入如图8-71所示的页面，在页面中用户可以查看卖家是否发货。

　　用户在收到货并且觉得满意用同样的方法进到"已买到的宝贝"单击"确认收货"选项，在使用支付宝支付的情况下只有用户确认收货后支付宝才放款给卖家。在确认收货后，用户还可以根据实际情况对卖家进行评价。

图8-71　已买到的宝贝页面

❀ 动手做6　使用阿里旺旺

在淘宝网上确定好要购买的商品后，用户可以使用阿里旺旺工具与卖家沟通，进一步了解商品的有关情况。如你所选购的商品是否有现货，有无折扣、赠品等优惠，商品有何特点等。对于买家来说可以使用阿里旺旺查看已买到的商品、我的收藏夹等功能，卖家可以使用阿里旺旺对店铺进行管理、交易管理等，功能非常强大。

用户可以单击"淘宝网首页"右边的"阿里旺旺"链接进入相关页面下载安装。

安装启动后，用户需要输入在淘宝网申请的用户名和密码登录，然后单击商品详细信息页面中的"和我联系"按钮"[和我联系]"，就可以与卖家沟通了，如图8-72所示。

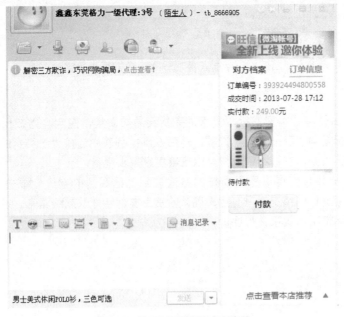

图8-72　使用与阿里旺旺店主沟通

在网上寻找昔日好友

探索时间

小王从校园走入社会一晃已经五年光景了，小王与很多校园的昔日好友都失去了联系，他如何在网上联系到昔日的好友？

动手做1　了解人人网

在网上寻找昔日好友的方法有很多，比如可以利用校友录寻找自己的昔日同窗，比如可以利用人人网查找昔日好友。

人人网，原名校内网，成立于2005年，它是中国最大、最具影响力的SNS网站，在大学生用户中拥有绝对领先地位。2009年，校内网正式更名为人人网。

人人网刚建立的时候一个最重要的特点是限制具有特定大学IP地址或者大学电子邮箱的用户注册，这样就保证了注册用户绝大多数都是在校大学生。用户注册之后可以上传自己的照片，撰写日志，签写留言等。该网站鼓励大学生用户实名注册，上传真实照片，让大学生在网络上体验到现实生活的乐趣。但在发展后期，这种模式已经不适应人人网的发展和网络环境，人人网做出了转型。

人人网已发展成为整个中国互联网用户提供服务的SNS社交网站，给不同身份的人提供了一个全方位的互动交流平台，大大提高了用户之间的交流效率降低了用户之间的交流成本，通过提供发布日志、保存相册、音乐视频等站内外资源分享等功能搭建了一个功能丰富高效的用户交流互动平台。

动手做2　注册新用户

要正常使用人人网找老同学、同事，首先要进行注册。在人人网上注册的基本方法如下：

Step **01**　登录人人网首页，如图8-73所示。

图8-73　人人网首页

Step **02**　单击页面左侧登录栏中的"注册"按钮，打开注册页面，如图8-74所示。

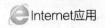

图8-74 注册页面

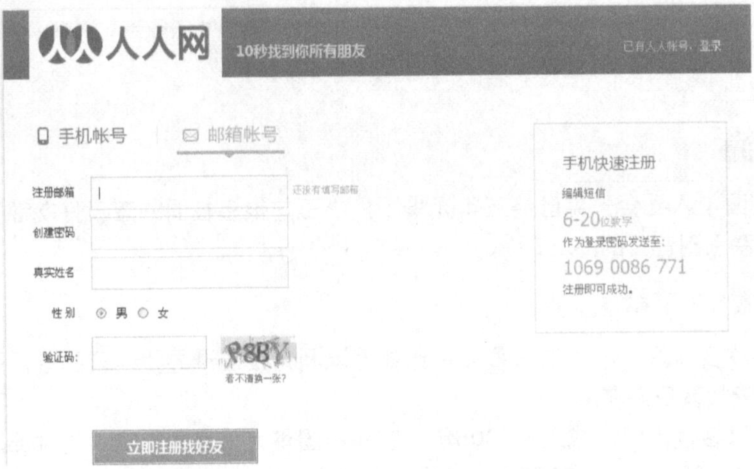

Step03 在页面中用户可以选择手机或邮箱注册，例如这里选择邮箱注册，在页面中输入基本信息后单击"立即注册找好友"按钮进入如图8-75所示的页面。

Step04 单击"登录邮箱验证"进入邮箱中单击链接进行激活即可。

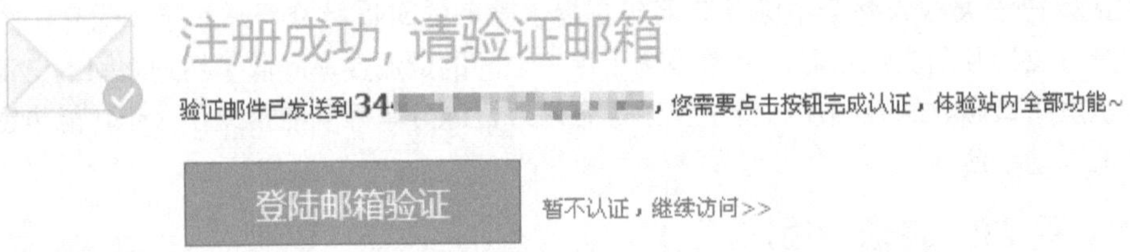

注册成功，请验证邮箱

验证邮件已发送到34·⬛⬛⬛⬛⬛⬛·⬛·⬛，您需要点击按钮完成认证，体验站内全部功能~

登陆邮箱验证   暂不认证，继续访问>>

图8-75 注册成功

⁂ 动手做3 完善个人信息

新注册的用户有好多的信息还没有完善，完善个人信息的基本操作步骤如下：

Step01 打开人人网首页，输入用户名及密码登录。

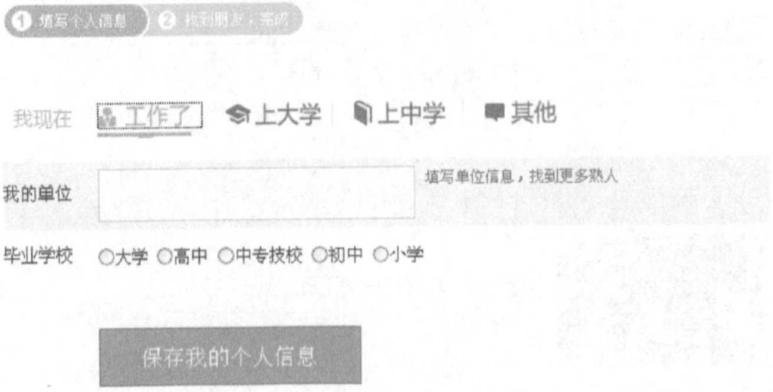

① 填写个人信息 ② 找到朋友，完成

我现在   🏢工作了 🎓上大学 📘上中学 💬其他

我的单位   填写单位信息，找到更多熟人

毕业学校 ○大学 ○高中 ○中专技校 ○初中 ○小学

保存我的个人信息

图8-76 完善个人信息页面

Step02 如果信息没有完善，首次登录时就会打开如图8-76所示的页面。

Step03 如选择"上大学"选项，把鼠标定位在我的大学后的文本框中，会自动打开选择学校对话框，如图8-77所示。在列表中选择自己的大学，单击"关闭"按钮。

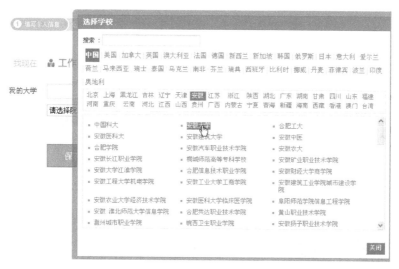

图8-77　选择学校对话框

Step 04 在入学年份下拉列表中选择入学年份，如"2010"。在院系下来列表中选择"计算机科学与技术学院"，在选择学历下拉列表中选择"硕士"，设置完以上信息后在该页面的右侧就会出现班级的同学，如图8-78所示。

图8-78　班级同学

Step 05 单击"保存"个人信息按钮，进入人人网页面。

∷动手做4　寻找并加入好友

在人人网中加入好友，用户可以使用利用公司或学校来加入好友，也可以直接搜索好友，寻找加入好友的基本方法如下：

Step 01 登录人人网首页，在左侧的列表中单击"欢迎来到人人网"选项，进入如图8-79所示的页面。

图8-79　添加认识的好友

Step 02 在添加认识的好友列表中选择工作好友、大学好友或中学好友。用户可以在页面中继续添加工作资料或学校资料以便查找更多的好友。如单击"同工作好友"中的"添加工作资料"选项，打开完善工作资料对话框，如图8-80所示。

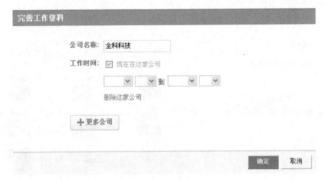

图8-80　完善工作资料

Step 03 在公司名称文本框中输入公司名称，用户还可以单击"更多公司"按钮继续添加。添加完毕，单击"确定"按钮返回页面，在页面中则显示出注册过人人网的该公司同事。

Step 04 找到自己的同学或同事后，单击"好友头像"或"人名"则打开对方在人人网上的主页，用户可以根据对方主页中的信息来确定他是不是你昔日好友。单击"加好友"选项，打开验证消息对话框，如图8-81所示。输入验证消息，单击"确定"按钮，等待好友的验证，验证通过就把该同学加为好友。

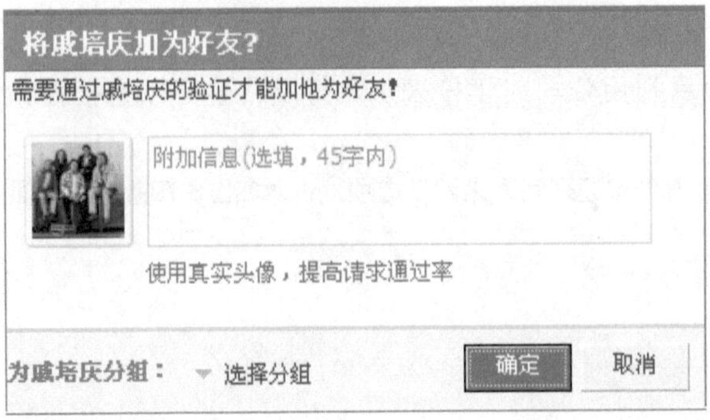

Step 05 在页面中单击"好友"按钮，进入我的好友页面，单击"寻找好友"选项，如图8-82所示。

图8-81　发送验证消息

Step**06** 用户可以在筛选条件区域设置筛选条件，如设置筛选条件大学为"河南城建学院"，入学时间为"2002"，则在好友列表中显示出搜索的结果，如图8-83所示。

图8-82　搜索好友

⋙ 动手做5　管理好友

当用户添加的好友比较多的时候可以对好友进行管理，如可以把大学同学和高中同学进行分组，具体划分多少组根据自己的需要进行划分，管理好友的基本步骤如下：

Step**01** 在页面中单击"好友"按钮，进入我的好友页面，单击"管理好友"选项，如图8-83所示。

图8-83　管理好友页面

Step**02** 单击"新建分组"选项打开创建新分组对话框，如图8-84所示。

Step**03** 在分组名称文本框中填写分组名称，如高中同学，在筛选好友列表中选择你要筛选的好友，单击"确定"按钮，已选的好友就会在高中同学分组中。

图8-84　创建分组

动手做6　与好友交流

添加了好友后，用户可以在人人网上与好友进行交流，基本方法如下：

Step 01 在人人网的右下角单击"好友列表"选项打开好友列表，如图8-85所示。

图8-85　与好友交流

Step 02 在好友列表中单击要交流的好友名字，则打开一个聊天界面，在界面中用户可以与好友进行交流。

巩固练习

1．在人人网中添加工作资料和中学资料。

2．在人人网中添加好友。

项目任务8-6 网络鹊桥

探索时间

由于种种原因小王已进入大龄剩男的行列，对此小王和家人都很着急，看到有人在网络鹊桥牵手成功的，小王决定也到网络鹊桥上碰碰运气。 小王应怎样操作才能在网络鹊桥上找到心仪的女朋友？

动手做1　了解常见网络鹊桥网站

1．珍爱网

珍爱网，是国内著名的婚恋交友类网站，珍爱网前身是中国交友中心，创始于1998年5月，2006年正式更名为珍爱网，至今已有十四年的历史。截至2013年3月，珍爱网有注册会员5800万，是国内较为老牌的婚恋网站。珍爱网曾经数次获得风险投资的支持，它采用的运营模式是"网络征选 + 红娘电话"，区别于其他网站的最大特点是"人工红娘的服务"，通过电话为注册会员牵线做媒，并具有等多项身份诚信认证。珍爱网是一家严肃、正规的婚恋网站，已经有大量的会员通过珍爱网找到了人生中的另一半。

2．世纪佳缘

2003年10月8日，复旦大学新闻学院研二女生龚海燕看到身边很多高学历的同学朋友由于工作学习忙，而无从找到理想爱人，因此创办了世纪佳缘。同时世纪佳缘也是新浪交友、MSN佳缘交友的合作伙伴，创始人龚海燕也被网民誉为"网络红娘第一人"。

3．百合网

百合网是中国第一家实名制婚恋服务商，以"帮助亿万中国人拥有幸福的婚姻和家庭"为己任。百合网为用户提供独特的"心灵匹配，成就幸福婚姻"的婚恋服务模式。所有加入百合网的用户都需要完成一个历时30分钟的专业爱情心理测试，百合根据心理测试的结果了解用户数十个影响婚恋幸福的性格特征，通过30多个维度的交叉比较，为您推荐合适的交往对象。

动手做2　在网络鹊桥网站注册

无论在哪个婚恋网站进行征婚交友，用户都得进行注册，这里以百合网为例介绍一下注册的方法。在百合网进行注册的基本方法如下：

Step 01 登录百合网主页，单击页面右侧中的"免费注册"按钮，进入用户注册页面，在您的账号信息区域填写账号信息，如图8-86所示。

Step 02 在您的交友档案区域填写交友档案，如图8-87所示。

Step 03 填写完你的账号信息与交友档案以后，单击"立即免费注册"按钮，就注册成功了。

您的帐号信息 :

注册方式 : E-mail注册　手机号码注册

注册邮箱 :

登录密码 :

昵称 :

图8-86　填写账号信息

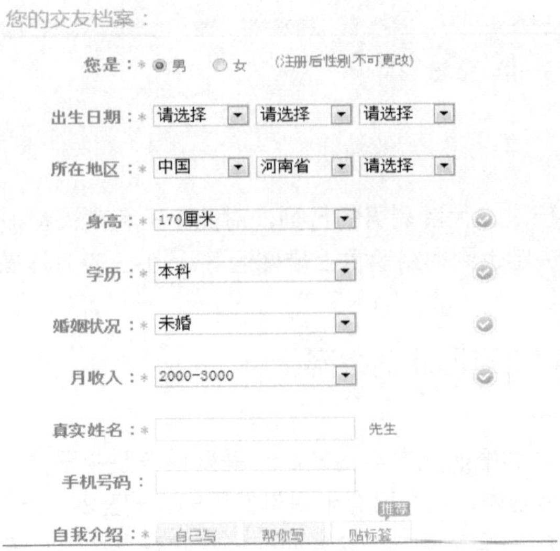

您的交友档案:

您是：＊ ◉ 男　○ 女　（注册后性别不可更改）

出生日期：＊ 请选择 ▼ 请选择 ▼ 请选择 ▼

所在地区：＊ 中国 ▼ 河南省 ▼ 请选择 ▼

身高：＊ 170厘米 ▼　　　◉

学历：＊ 本科 ▼　　　◉

婚姻状况：＊ 未婚 ▼　　　◉

月收入：＊ 2000-3000 ▼　　　◉

真实姓名：＊ ＿＿＿＿＿ 先生

手机号码： ＿＿＿＿＿

自我介绍：＊ 自己写　帮你写　贴标签

图8-87　填写交友档案

※ 动手做3　搜索朋友

当用户在百合网上注册了用户以后，就可以开始找男朋友或女朋友了，搜索朋友的基本方法如下：

Step 01 在百合网首页单击页面中的"请登录"按钮，打开登录账户对话框，如图8-86所示。

Step 02 填写完登录账户和密码后单击"登录"按钮，就进入了我的百合页面。

Step 03 在我要找的后面设置搜索条件，如在我要找文本框中选择"男朋友"，年龄选在"22～30岁"，地区选择"北京"，如图8-89所示。

图8-88　登录账户对话框

图8-89　设置搜索条件

Step 04 单击"搜索"按钮，进入搜索结果页面，如图8-90所示。

Step 05 你可以在搜索的结果中寻找你想认识的朋友，用户可以单击"打招呼"按钮给对方打招呼，也可以通过"发消息"按钮给对方发消息。

图8-90　搜索结果页面

教你一招

在搜索朋友时用户还可以通过高级搜索来找朋友，单击"高级搜索"按钮，打开高级搜索表单，在这里用户可以设置更准确的搜索条件，如图8-91所示。

图8-91　高级搜索表单

课后练习与指导

一、选择题

1. 在12306铁路客户服务中心用户可以进行以下哪些信息查询？（　　　）
   A．车次　　　　　B．票价　　　　　C．列车途经车站　　　　D．余票
2. 下列关于查询公交换乘或驾车路线的说法正确的是（　　　）。
   A．在使用百度地图进行查询时，首先应选择城市
   B．用户还可以使用其他网站查询公交换乘或驾车路线
   C．在使用百度地图进行查询时，用户还可以选择不同的方案
   D．在使用百度地图进行查询时，无论选择哪种方案，搜索结果只显示一个最佳结果
3. 下列关于网上求职的说法正确的是（　　　）。
   A．在网上求职时只能制作一份简历
   B．在网上应聘时必须使用用户名登录
   C．在搜索职位时可以直接搜索某个公司的招聘职位
   D．在网上求职时用户可以使用职位订阅器来自动搜索匹配的职位

4. 下列关于网上银行的说法正确的是（　　　）。

　　A．使用网上银行用户可以查询账户信息

　　B．用户可以利用网上银行进行同行汇款

　　C．用户可以利用网上银行缴纳各种费用

　　D．网上银行不能进行跨行转账

5. 下列关于网上购物的说法正确的是（　　　）。

　　A．在淘宝网上购物时用户只能使用支付宝来支付

　　B．在网上购物时用户可以先将商品放入购物车，最后一次性付款

　　C．在淘宝网上购物后用户可以在淘宝网上查看卖家是否发货，货物已走到哪里

　　D．用户收到货物后，可以根据实际情况对卖家进行客观的评价

6. 下列关于在网上寻找昔日好友的说法正确的是（　　　）。

　　A．用户可以在Internet上利用多种途径寻找昔日好友

　　B．用户可以利用人人网寻找大学校友

　　C．用户可以利用人人网寻找某个公司的同事

　　D．人人网是一个社交网站，用户可以使用多种方法进行交流

二、填空题

1. 百度地图的网址是＿＿＿＿＿＿＿＿＿＿＿＿＿＿。

2. 在利用百度地图查询公交换乘或驾车路线时有＿＿＿＿＿、＿＿＿＿＿和＿＿＿＿＿三种方案可以选择。

3. 在中华英才网上注册时必须使用＿＿＿＿＿＿＿＿＿＿＿进行注册。

4. 在淘宝网上注册时必须使用＿＿＿＿＿＿＿＿＿＿或＿＿＿＿＿＿＿＿＿＿进行验证。

5. 网上购物从交易双方类型分为两种形式，一种是＿＿＿＿＿＿＿＿的形式，另一种是＿＿＿＿＿＿＿＿＿＿的形式。

6. 常见网络鹊桥网站有＿＿＿＿＿、＿＿＿＿＿、＿＿＿＿＿、＿＿＿＿＿等。

三、简答题

1. 网上求职有哪些技巧？

2. 在使用网上银行时要注意哪些安全技巧？

3. 在银行柜台开通网银的大体流程是什么？

4. 在网上进行求职大体上需要哪几步？

5. 在网上购物时商品如有问题应如何处理？

6. 如何在人人网上寻找某个公司的同事？

7. 在网上购物大体上需要哪几步？

8. 网上银行的电子口令卡和U盾哪种有交易金额的限制？

四、实践题

练习1：查询一下从北京西客站到颐和园有哪些乘车路线。

练习2：查询一下广州未来几天的天气情况？

练习3：查询一下T122次列车的始发站和终点站，票价多少，中间途径哪些站停靠。

练习4：在英才网上注册一个用户，完善自己的简历并上传附件简历，然后搜索自己希望应聘的职位，并进行应聘。

练习5：在百合网上注册一个用户，然后搜索朋友，并向对方发信息、打招呼。

练习6：在淘宝网上注册一个用户，利用搜索栏搜索格力空调、1.5匹、挂式，查看某个商品的详细信息，并查看评价。

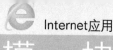 Internet应用

模块 09

Internet网络安全

你知道吗?

计算机和国际互联网的发展正一天天改变着我们的生活和工作方式,人们对计算机和网络的依赖也日益增强。在我们享受到计算机和互联网带来的高速信息传递,高效事务处理的时候,却往往忽视了对计算机和计算机网络自身的保护。

学习目标

➢ 计算机病毒的防治
➢ 防火墙的使用
➢ 计算机木马
➢ 流氓软件
➢ 系统漏洞防御
➢ 恶意网页代码的防御

项目任务9-1 计算机病毒的防治

探索时间

小王家里的计算机上没有安装杀病毒软件,最近计算机在运行时总是出现异常,他怀疑是感染了计算机病毒,小王应采取什么方法来查杀计算机病毒?

※ 动手做1 了解计算机病毒

计算机的发明以及随之而来的互联网应用的普及,大大提高了生产力,并渗透到社会各个领域,推进了整个人类社会的文明进程。但是,伴随着信息网络的发展,计算机病毒这个信息时代的"幽灵"也逐渐露出了狰狞的面目。

1. 计算机病毒的定义

计算机病毒(Computer Virus)在《中华人民共和国计算机信息系统安全保护条例》中被明确定义为:编制或者在计算机程序中插入的破坏计算机功能或者破坏数据,影响计算机使用并且能够自我复制的一组计算机指令或者程序代码。

像生物病毒一样,计算机病毒有独特的复制能力。计算机病毒可以很快地蔓延,又常常难以根除。它们能把自身附着在各种类型的文件上。当文件被复制或从一个用户传送到另一个用户时,它们就随同文件一起蔓延开来。伴随着互联网的发展,病毒传播起来更为方便、迅速,这也为反病毒软件制造了更多的"挑战"。

2．计算机病毒的起源

计算机病毒的来源多种多样，有的是计算机工作人员或业余爱好者为了纯粹寻开心而制造出来的，有的则是软件公司为保护自己的产品被非法复制而制造的报复性惩罚，因为他们发现病毒比加密对付非法复制更有效且更有威胁，这种情况助长了病毒的传播。还有一种情况就是蓄意破坏，它分为个人行为和政府行为两种。个人行为多为雇员对雇主的报复行为，而政府行为则是有组织的战略战术手段（据说在海湾战争中，美国国防部一秘密机构曾对伊拉克的通信系统进行了有计划的病毒攻击，一度使伊拉克的国防通信陷于瘫痪）。另外有的病毒还是用于研究或实验而设计的"有用"程序，由于某种原因失去控制扩散出实验室或研究所，从而成为危害四方的计算机病毒。

3．计算机病毒的特点

当前计算机病毒有以下特点。

（1）非授权可执行性：它隐藏在合法的程序或数据中，当用户运行正常程序时，病毒伺机窃取到系统的控制权，得以抢先运行，然而此时用户还认为在执行正常程序。也就是说，用户在不知不觉中就有可能运行了病毒程序。

（2）隐藏性：计算机病毒是一种具有很高编程技巧、短小精悍的可执行程序。它通常粘附在正常程序之中或磁盘引导扇区中，或者磁盘上标为坏簇的扇区中，以及一些空闲概率较大的扇区中，因此很难被察觉。随着光盘的大量使用，压缩文件应用越来越广泛，压缩文件为病毒的传染提供了一种新的载体。

（3）传染性：传染性是计算机病毒最重要的特征，是判断一段程序代码是否为计算机病毒的依据。病毒程序一旦侵入计算机系统就开始搜索可以传染的程序或者磁介质，然后通过自我复制迅速传播。由于目前计算机网络日益发达，计算机病毒可以在极短的时间内，通过像Internet这样的网络传遍世界。

（4）潜伏性：计算机病毒具有依附于其他媒体而寄生的能力，这种媒体我们称之为计算机病毒的宿主。依靠病毒的寄生能力，病毒传染合法的程序和系统后，不立即发作，而是悄悄隐藏起来，等待时机成熟再发作。

（5）破坏性：无论何种病毒程序。一旦侵入系统都会对操作系统的运行造成不同程度的影响，即使不直接产生破坏作用的病毒程序也要占用系统资源。而绝大多数病毒程序要显示一些文字或图像从而影响系统的正常运行，还有一些病毒程序会删除文件，加密磁盘中的数据，甚至摧毁整个系统和数据，使之无法恢复，造成无可挽回的损失。

（6）可触发性：计算机病毒一般都有一个或者几个触发条件。满足其触发条件或者激活病毒的传染机制，使之进行传染。触发的实质是一种条件的控制，病毒程序可以依据设计者的要求，在一定条件下实施攻击。这个条件可以是敲入特定字符，使用特定文件，某个特定日期或特定时刻，或者是病毒内置的计数器达到一定次数等。

（7）网络性：随着Internet的发展，网络已成为病毒传播的主要途径。在网络环境下，病毒传播扩散快，单机防杀病毒产品已难以彻底清除网络病毒，必须有适用于局域网、广域网的全方位防杀病毒产品。

4．计算机病毒传播的途径

总的来说，计算机病毒的传播途径有下面几种。

（1）通过不可移动的计算机硬件设备进行传播，这些设备通常有计算机的专用ASIC芯片和硬盘等。这种病毒虽然极少，但破坏力却极强，目前尚没有较好的检测手段。

（2）通过移动存储设备来传播，这些设备包括U盘、移动硬盘等。在移动存储设备中，U盘是使用最广泛，移动最频繁的存储介质，因此也成了计算机病毒寄生的"温床"。

（3）通过计算机网络进行传播，现代信息技术的巨大进步已使空间距离不再遥远，"相隔天涯，如在咫尺"是Internet的写照，但同时也为计算机病毒的传播提供了新的"高速公路"。计算机病毒可以附着在正常文件中通过网络进入一个又一个系统，国内计算机感染"进口"病毒已不再是什么大惊小怪的事。在我们信息国际化的同时，计算机病毒也在国际化，目前这种方式成为计算机病毒的第一传播途径。

（4）通过点对点通信系统和无线通道传播，目前这种传播途径还不是十分广泛。

※ 动手做2　病毒感染的判断依据

判断计算机是否已感染了病毒，可通过人工检测和自动检测两种方式来进行。当计算机感染了某种病毒后，会出现一些异常现象，下面列举几种。

（1）无法正常启动硬盘。

（2）引导系统的时间变长，或者出现死机现象。

（3）开机运行几秒后突然黑屏。

（4）计算机的某些系统设备不能用，如无法找到硬盘或外部设备。

（5）计算机经常无故死机或重新启动。

（6）访问磁盘的时间比平时长，处理速度变慢。

（7）显示屏幕上经常出现一些异常提示，或者有规律地出现异常信息，如一些图形、雪花等。

（8）磁盘的空间突然变小。

（9）可执行文件的大小发生变化，系统自动生成一些特殊的文件，出现不知来源的隐藏文件或无用文件。

（10）程序或数据丢失，平时能正常运行的文件无法再使用，或者文件变长，文件保存时间和属性发生改变。

（11）应用程序安装的时间比平时长，启动程序时出现错误提示。

（12）蜂鸣器发出异常的声音。

（13）打印速度变慢或打印出异常字符，无法正常打印汉字。

※ 动手做3　感染病毒后的处理方法

当用户不幸遭遇病毒入侵之后，也不必惊慌失措，只要采取一些简单的办法就可以杀除大多数的计算机病毒，恢复被计算机病毒破坏的系统。

下面介绍一下计算机病毒感染后的一般处理方法：

（1）备份数据。在对病毒进行处理前，尽可能再次备份重要的数据文件。目前防杀计算机病毒软件在杀毒前大多都能够保存重要的数据和被感染的文件，以便能够在误杀或造成新的破坏时可以恢复现场。但是对那些重要的用户数据文件等还是应该在杀毒前手工单独进行备份，备份不能放在被感染破坏的系统内，也不应该与平时的常规备份混在一起。

（2）在对病毒进行处理前还必须对系统被破坏程度有一个全面的了解，并以此来决定采用哪些有效的计算机病毒清除方法和对策。如果受破坏的大多是系统文件和应用程序文件，并且感染程度较深，那么可以采取重装系统的办法来达到清除计算机病毒的目的。而当感染的是关键数据文件，或受破坏比较严重，就可以考虑请防杀计算机病毒专家来进行清除和数据恢复工作。

（3）启动防杀计算机病毒软件，并对整个硬盘进行扫描。某些计算机病毒在Windows状态下无法完全清除（如CIH计算机病毒），此时应使用事先准备的未感染计算机病毒的DOS系统软盘启动系统，然后在DOS下运行相关杀毒软件进行清除。

（4）发现计算机病毒后，一般应利用防杀计算机病毒软件清除文件中的计算机病毒，如果可执行文件中的计算机病毒不能被清除，一般应将其删除，然后重新安装相应的应用程序。

（5）杀毒完成后，重启计算机，再次用防杀计算机病毒软件检查系统中是否还存在计算机病毒，并确定被感染破坏的数据确实被完全恢复。

（6）对于杀毒软件无法杀除的计算机病毒，还应将计算机病毒样本送交防杀计算机病毒软件厂商的研究中心，以供详细分析。

动手做4　计算机病毒的防范

计算机病毒形式及传播途径日趋多样化，因此在日常的工作中我们要注意计算机病毒的防范。

（1）重要资料，必须备份。资料是最重要的，程序损坏了可重新复制甚至再买一份，但是自己的资料，可能是三年的会计资料，可能是画了三个月的图片，结果某一天硬盘坏了或者因为病毒而损坏了资料，会让人欲哭无泪，所以对于重要资料经常备份是必要的。

（2）安装一种，并且只安装一种杀毒软件。安装多于一个的杀毒软件不但不会加强对计算机的保护，反而会因为不同杀毒软件之间的冲突，造成很多不可意料的问题，某些问题甚至比病毒本身造成的问题更加严重；杀毒软件应随时保持更新，旧版本的杀毒软件很难有效的保证计算机的安全。

（3）各种可移动存储设备被用于在不同的计算机之间交换数据，所以难免携带病毒。在可移动存储设备接入自己计算机的时候，在打开设备之前务必使用杀毒软件进行扫描，确认无毒后，才能打开设备，进行操作。

（4）尽量不要打开不知名的超链接，如果是朋友告诉你的，请确认确实是他本人告诉你的链接地址，往往病毒会假借用户的名义向外散发包含病毒的文件或者链接。所以，即便是好友，也要加强防范。

（5）使用新软件时，先用扫毒程序检查，可减少中毒机会。主动检查，可以过滤大部分的病毒。

（6）下载小软件，请尽量去大型的软件下载站点。病毒的一大传播途径就是Internet，病毒潜伏在网络上的各种可下载程序中，如果你随意下载、随意打开，对于制造病毒者来说，可真是再好不过了。如果不得不去一些不知名的站点下载文件，请在下载完成后第一时间用杀毒软件进行扫描，确认无毒再打开。

（7）不要轻易打开电子邮件的附件。近年来造成大规模破坏的许多病毒都是通过电子邮件传播的。不要以为只打开熟人发送的附件就一定保险，有的病毒会自动检查受害人计算机上的通讯录并向其中的所有地址自动发送带毒文件。最妥当的做法是先将附件保存下来，然后用查毒软件彻底检查。

（8）要定期（一个月为佳）对系统进行一次全面的杀毒，注意留意杀毒软件弹出的提示并作出正确的反应。

动手做5　杀毒软件的使用

目前，中国软件市场中的反病毒软件种类繁多，用户应根据自身的情况进行选购。反病毒软件有其特殊性，不是一买来就具有"终身免疫性"，它的功能必须依赖于软件提供商不断地对新的病毒代码的发现、研究才能得到保持。如果没有了提供商的继续服务，软件本身的生命也就意味着结束。因此在选购时应注意它能否在不同平台体系下全面防毒，能否保持长期有效的病毒库升级服务，以及保持公司的实力和技术支持的力度。

另外，反病毒软件的实时监控技术也很重要，实时监控能使反病毒程序在每次系统启动后均被自动加载，并监视所有对文件的操作，包括复制、运行、改名、创建、从网上下载、打开E-mail附带文件等，自动检测文件是否被病毒感染。如果发现病毒则采用一定的处理手段，从而防止病毒的感染和破坏行为。

目前计算机中经常使用的杀毒软件有很多，比如 360 杀毒、瑞星、金山、卡巴斯基、诺顿、微点等，这些杀毒软件的使用方法大体相同。

这里简要介绍一下瑞星杀毒软件使用方法。其他杀毒软件的使用方法和瑞星大同小异。

图9-1　瑞星杀毒软件界面

Step 01　在网上下载一个瑞星杀毒软件，并进行安装。启动瑞星杀毒软件，如图9-1所示。

Step 02　快速杀毒。瑞星杀毒软件的快速查杀会扫描计算机中特种未知木马、后门、蠕虫等病毒易于存在的系统位置，如内存等关键区域，查杀速度快，效率高。通常利用快速查杀就可以杀掉大多数病毒，防止病毒发作。

在主程序界面单击"病毒查杀"选项，在病毒查杀页面中单击"快速查杀"图标按钮，则开始查杀相应目标。扫描过程中可随时单击"暂停查

杀"按钮来暂时停止查杀病毒，单击"恢复查杀"按钮则继续查杀，或单击"停止查杀"按钮停止查杀病毒。查杀病毒过程中，已扫描对象（文件）数、平均扫描速度和扫描进度等将显示在下面；如果发现病毒或可疑文件，则将分别在病毒和可疑文件页面显示相关信息，包括：文件名、病毒名、处理结果和路径，并且在每个文件名前面有图标表示病毒类型。

Step 03　全盘查杀。全盘查杀会扫描计算机的系统关键区域以及所有磁盘，全面清除特种未知木马、后门、蠕虫等病毒。在主程序界面单击"病毒查杀"选项，在病毒查杀页面中单击"全盘查杀"图标按钮，则开始查杀相应目标。

Step 04　自定义查杀。自定义查杀会扫描用户指定的范围。用户可以根据需要确定查杀目标后进行病毒查杀，适用于有一定计算机安全知识的用户。在主程序界面单击"病毒查杀"选项，在病毒查杀页面中单击"自定义查杀"图标按钮，打开选择查杀目录页面，如图9-2所示。选择查杀目标，则开始查杀相应目标。

图9-2　自定义查杀

Step 05 定时查杀病毒。用户可以利用定时查杀病毒的功能，让瑞星软件在特定的时刻进行查杀病毒。定时杀毒为用户提供了自动化的、个性化的杀毒方式。

在瑞星杀毒软件主程序界面中的下面单击"病毒查杀设置"打开瑞星设置中心对话框，在左侧单击"定时设置"选项，则在页面中可以进行定时扫描的设置，如图9-3所示。

图9-3　定时设置

首先选中"启用定时扫描"选项；用户可以在扫描类型区域选择扫描的类型；在扫描频率下拉列表中用户可以根据需要选择每天一次、每周一次、每月一次等不同的扫描频率，在扫描时刻区域用户可以设置扫描的具体时间。当系统时钟到达所设定的时间，瑞星杀毒软件会自动运行，开始扫描预先指定的磁盘或文件夹。

Step 06 电脑防护。电脑防护基于瑞星智能云安全的三层防御架构，使用传统监控和智能主动防御功能，全面保护您的电脑安全。电脑防护可以在您进行打开陌生文件、收发电子邮件、浏览网页等电脑操作时，查杀和截获病毒，全面保护您的电脑不受病毒侵害。

瑞星电脑防护由实时监控和主动防御两大功能组成。实时监控包括文件监控和邮件监控。主动防御包括U盘防护、木马防御、浏览器防护、办公软件防护和网购保护。在主程序界面单击"电脑防护"选项，在电脑防护页面中用户可以根据自己系统的特殊情况，制定相应的防护规则，如图9-4所示。

图9-4　电脑防护

Step 07 升级。软件升级能保持软件及时升级到最新版本，从而可以查杀各种新病毒，防范病毒的攻击。在瑞星杀毒软件主程序界面中的下面单击"病毒查杀设置"打开瑞星设置中心对话框，在左侧单击"模式设置"，则在页面中可以进行升级的设置，如图9-5所示。用户可以根据需要选择即时升级、手动升级、定时升级和免打扰升级。

●即时升级：当检测到瑞星网站有

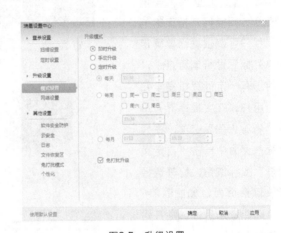

图9-5　升级设置

最新版本，自动进行升级，升级期间不提示用户。

- 手动升级：如果安装有瑞星杀毒软件的计算机不方便上网，可以在具备上网条件的计算机上登录瑞星网站手动下载安装/升级程序文件来完成升级。
- 定时升级：当您选择的升级频率是每天、每周、每月，则需要设置定时升级的时间；系统会在到达设定的时间时自动开始升级。
- 免打扰升级：选中此项，软件进行升级时将不再提示升级过程。

巩固练习

1．计算机病毒有哪些传播途径？
2．列举你知道的计算机中毒后出现的异常现象？

项目任务9-2 防火墙的使用

探索时间

小王的计算机上没有启用Windows防火墙，为了保证自己的计算安全，小王决定启用Windows防火墙，他应如何操作？

动手做1　了解防火墙

防火墙的本义原是指古代人们房屋之间修建的那道墙，这道墙可以防止火灾发生的时候蔓延到其他房屋。而这里所说的防火墙当然不是指物理上的防火墙，而是指隔离在本地网络与外界网络之间的一道防御系统，是这一类防范措施的总称。应该说，在互联网上防火墙是一种非常有效的网络安全模型，通过它可以隔离风险区域（即Internet或有一定风险的网络）与安全区域（局域网）的连接，同时不会妨碍人们对风险区域的访问。防火墙可以监控进出网络的通信量，从而完成看似不可能的任务。仅让安全、核准了的信息进入，同时又抵制对企业构成威胁的数据。随着安全性问题上的失误和缺陷越来越普遍，对网络的入侵不仅来自高超的攻击手段，也有可能来自配置上的低级错误或不合适的口令选择。因此，防火墙的作用是防止不希望接收的、未授权的通信进出被保护的网络，迫使单位强化自己的网络安全策略。一般的防火墙都可以达到以下目的：

（1）可以限制他人进入内部网络，过滤掉不安全服务和非法用户。
（2）防止入侵者接近你的防御设施。
（3）限定用户访问特殊站点。
（4）为监视Internet安全提供方便。

动手做2　启用Windows防火墙

对于大的网络来说防火墙是一个重要的防护措施，防火墙分为硬件防火墙和软件防火墙，防火墙的机理很复杂。对于个人计算机用户来说，用户可以使用个人版的防火墙软件来防护计算机，如果是Windows系统用户，用户则可以使用Windows系统防火墙来防护计算机。

这里以启用Windows XP系统防火墙为例介绍一下Windows防火墙的开启方法，具体操作步骤如下：

Step 01　在"开始"菜单中单击"控制面板"选项，打开控制面板。在控制面板中单击"安全中心"选项，打开Windows安全中心，如图9-6所示。

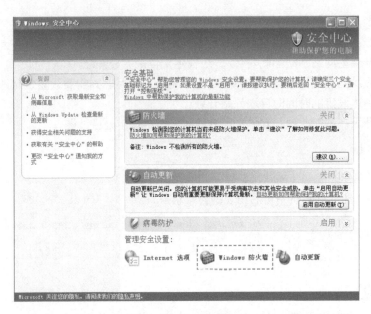

图9-6 Windows安全中心

Step02 在安全中心单击"管理安全设置区域的Windows防火墙"选项，打开"Windows防火墙"对话框，如图9-7所示。

Step03 在Windows防火墙设置对话框中单击"常规"选项卡，然后选中"启用"选项，即可启用Windows防火墙的保护功能。

Step04 在Windows防火墙设置对话框中单击"例外"选项卡，如图9-8所示。在列表框中选择"允许通过防火墙程序"。如果发现在列表框中没有所需的程序，则可以单击"添加程序"按钮，在打开的添加程序对话框中选择要添加的程序。

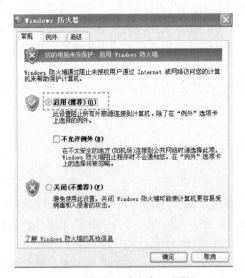

图9-7 "Windows防火墙"对话框

图9-8 设置"例外"项

Step05 单击"确定"按钮。

提示

启用了防火墙的保护功能后，当计算机中运行一个要与Internet连接的程序时，都会弹出Windows安全警报对话框，要求用户确认是否允许程序与网络连接，单击"阻止"按钮禁止程序与Internet连接，而单击"解除阻止"按钮则允许程序与Internet连接。为了便于操作，可以先将一些安全的连接添加到防火墙的例外程序中，这样在执行这些程序时将不会弹出Windows安全警报对话框。

巩固练习

在启用Windows防火墙后，当一个未知的与Internet连接的程序启动时，防火墙会如何提示用户？

项目任务9-3 计算机木马

探索时间

为了消除潜在的威胁，小王决定使用木马查杀软件对自己的计算机进行一次全盘查杀，他应如何操作？

动手做1 了解计算机木马

计算机木马的名称来源于古希腊的特洛伊木马（Trojan Horse）的故事，希腊人围攻特洛伊城，很多年不能得手后想出了木马的计策，他们把士兵藏匿于巨大的木马中。在敌人将其作为战利品拖入城内后，木马内的士兵爬出来，与城外的部队里应外合而攻下了特洛伊城。

计算机网络世界的木马是一种能够在受害者毫无察觉的情况下渗透到系统的程序代码，在完全控制了受害系统后，能进行秘密的信息窃取或破坏。它与控制主机之间建立起连接，使得控制者能够通过网络控制受害系统，它的通信遵照TCP/IP，它秘密运行在对方计算机系统内，像一个潜入敌方的间谍，为其他人的攻击打开后门，这与战争中的木马战术十分相似，因而得名木马程序。

木马程序与一般的病毒不同，它不会自我繁殖，也并不"刻意"地去感染其他文件，它的主要作用是向施种木马者打开被种者计算机的门户，使对方可以任意毁坏、窃取你的文件，甚至远程操控你的计算机。木马与计算机网络中常常要用到的远程控制软件是有区别的。虽然二者在主要功能上都可以实现远程控制，但由于远程控制软件是"善意"的控制，因此通常不具有隐蔽性。木马则完全相反，木马要达到的正是"偷窃"性的远程控制，因此如果没有很强的隐蔽性的话，那么木马简直就是"毫无价值"的。

根据木马程序对计算机的具体动作方式，可以把现在的木马程序分为以下几类：

1．远程控制型

远程控制木马是数量最多，危害最大，同时知名度也最高的一种木马，它可以让攻击者完全控制被感染的计算机，攻击者可以利用它完成一些甚至连计算机主人本身都不能顺利进行的操作，其危害之大实在不容小觑。由于要达到远程控制的目的，所以，该种类的木马往往集成了其他种类木马的功能。使其在被感染的机器上为所欲为，可以任意访问文件，得到机主的私人信息甚至包括信用卡，银行账号等至关重要的信息。

这类木马用起来是非常简单的，只要被控制主机联入网络，并与控制端客户程序建立网络连接，控制者就能任意访问被控制的计算机。这种类型的木马比较著名的有BO（Back Orifice）和国产的冰河等。

2．密码发送型

在信息安全日益重要的今天。密码无疑是通向重要信息的一把极其有用的钥匙，只要掌握了对方的密码，从很大程度上说。就可以无所顾忌地得到对方的很多信息。而密码发送型的木马正是专门为了盗取被感染计算机上的密码而编写的，木马一旦被执行，就会自动搜索内存，Cache，临时文件夹以及各种敏感密码文件，一旦搜索到有用的密码，木马就会利用免费的电子邮件服务将密码发送到指定的邮箱。从而达到获取密码的目的，所以这类木马大多使用25号端口发送E-mail。大多数这类的特洛伊木马不会在每次Windows重启时重启。这种特洛伊木马的目的是找到所有的隐藏密码并且在受害者不知道的情况下把它们发送到指定的信箱。

3．键盘记录型

键盘记录型木马非常简单，它们只做一种事情，就是记录受害者的键盘敲击，并且在LOG文件里进行完整的记录。这种木马程序随着Windows系统的启动而自动加载，并能感知受害主机在线，且记录每一个用户事件，然后通过邮件或其他方式发送给控制者。

4．毁坏型

大部分木马程序只是窃取信息，不做破坏性的事件，但毁坏型木马却以毁坏并且删除文件为己任。它们可以自动删除受控主机上所有的.dll、.ini或.exe文件，甚至远程格式化受害者硬盘，使得受控主机上的所有信息都受到破坏。总而言之，该类木马目标只有一个就是尽可能的毁坏受感染系统，致使其瘫痪。

5．DOS攻击木马

随着DOS攻击越来越广泛的应用，被用作DOS攻击的木马也越来越流行起来。当你入侵了一台机器，给他种上DOS攻击木马，那么日后这台计算机就成为你DOS攻击的最得力助手了。你控制的"肉鸡"数量越多，你发动DOS攻击取得成功的概率就越大。所以，这种木马的危害不是体现在被感染计算机上，而是体现在攻击者可以利用它来攻击一台又一台计算机，给网络造成很大的伤害和损失。

还有一种类似DOS的木马叫做邮件炸弹木马，一旦机器被感染，木马就会随机生成各种各样主题的信件，对特定的邮箱不停地发送邮件，一直到对方瘫痪、不能接受邮件为止。

6．代理木马

黑客在入侵的同时掩盖自己的足迹，谨防别人发现自己的身份是非常重要的，因此，给被控制的"肉鸡"种上代理木马，让其变成攻击者发动攻击的跳板就是代理木马最重要的任务。通过代理木马，攻击者可以在匿名的情况下使用Telnet、ICQ、IRC等程序，从而隐蔽自己的踪迹。

7．FTP木马

这种木马可能是最简单和古老的木马了，它的唯一功能就是打开21端口，等待用户连接。现在新FTP木马还加上了密码功能，这样，只有攻击者本人才知道正确的密码，从而进入对方计算机。

8．程序杀手木马

上面的木马功能虽然形形色色，不过到了对方机器上要发挥自己的作用，还要过防木马软件这一关才行。程序杀手木马的功能就是关闭对方机器上运行的这类程序，让其他的木马更好地发挥作用。

9. 反弹端口型木马

防火墙对于连入的连接往往会进行非常严格的过滤，但是对于连出的连接却疏于防范。于是，与一般的木马相反，反弹端口型木马的服务端（被控制端）使用主动端口，客户端（控制端）使用被动端口。木马定时监测控制端的存在，发现控制端上线立即弹出端口主动连接控制端打开的主动端口；为了隐蔽起见，控制端的被动端口一般开在80，防火墙会以为是发出去的正常数据（一般向外发送的数据，防火墙都以为是正常的）的返回信息，于是不予拦截，这就给它了可钻的空子。

10. 无进程木马

"进程"是一个比较抽象的概念，可以理解为排队买电影票，每一个窗口（其实就是端口）排的人可以理解为一个进程，有多少窗口就有多少个进程。普通木马在运行时都有自己独立的进程，利用进程查看软件就可以发现和终止它。为了更好地隐藏自己，木马的制作者就想了一些办法，把木马隐藏进正常的进程（宿主进程）内，这样就不容易被发现，而且也不容易被终止。在实际中，即使你发现了隐藏在某一正常进程中的木马进程，你也不敢轻易终止它，因为一旦终止了木马的进程，正常的宿主进程也就被终止，这可能导致一些严重的后果。所以可以看出，无进程木马实际上是"隐藏进程木马"，而这也是它的高明之处。在实际中不可能出现真正意义上的"无进程木马"。

11. 嵌套型木马

先用自己写的小程序或者利用系统的漏洞，夺取到某些特定的权限，比如上传文件，攻击掉网络防火墙和病毒防火墙等，然后上传修改或没修改过的功能强大的木马，进一步夺取控制权。于是这个小程序或者系统漏洞就和那个功能强大的真正的木马联合起来，组成了一款"嵌套型木马"，其特点是不容发现和查杀。

⁛ 动手做2　了解木马的传播途径

木马的传播途径很多，常见的有如下几类：

（1）通过电子邮件的附件传播。这是最常见，也是最有效的一种方式，大部分病毒（特别是蠕虫病毒）都用此方式传播。首先，木马传播者对木马进行伪装，方法很多，如变形、压缩、脱壳、捆绑、取双后缀名等，使其具有很大的迷惑性。一般的做法是先在本地机器将木马伪装，再使用杀毒程序将伪装后的木马查杀测试，如果不能被查到就说明伪装成功。然后利用一些捆绑软件把伪装后的木马藏到一幅图片内或者其他可运行脚本语言的文件内，发送出去。

（2）通过下载文件传播。从网上下载的文件，即使大的门户网站也不能保证任何时候他的文件都安全，一些个人主页、小网站等就更不用说了。下载文件传播方式一般有两种，一种是直接把下载链接指向木马程序，也就是说你下载的并不是你需要的文件。另一种是采用捆绑方式，将木马捆绑到你需要下载的文件中。

（3）通过网页传播。大家都知道很多VBS脚本病毒就是通过网页传播的，木马也不例外。网页内如果包含了某些恶意代码，使得IE自动下载并执行某一木马程序。这样你在不知不觉中就被人种上了木马。顺便说一句，很多人在访问网页后IE设置被修改甚至被锁定，也是网页上用脚本语言编写的恶意代码作怪。

（4）通过聊天工具传播。目前，QQ、ICQ、MSN、EPH等网络聊天工具盛行，而这些工具都具备文件传输功能，不怀好意者很容易利用对方的信任传播木马和病毒文件。

⁛ 动手做3　使用软件查杀木马

查杀木马的软件很多，这里简要介绍一下如何使用360安全卫士查杀木马。

360安全卫士拥有查杀木马、清理插件、修复漏洞、电脑体检等多种功能，并独创了"木马防火墙"功能，依靠抢先侦测和云端鉴别，可全面、智能地拦截各类木马，保护用户的账号、隐私等重要信息。目前木马威胁之大已远超病毒，360安全卫士运用云安全技术，在拦截和查杀木马的效果、速度以及专业性上表现出色能有效防止个人数据和隐私被木马窃取。

使用360安全卫士查杀木马的基本方法如下：

Step 01 在360安全中心首页下载360安全卫士，并进行安装。

Step 02 双击360安全卫士图标启动该软件，单击"木马查杀"，在这里有三种扫描方式、快速扫描、全盘扫描和自定义扫描，如图9-9 所示。

图9-9　查杀木马

Step 03 单击"快速扫描"则扫描系统内存、开机启动项等关键位置；单击"全盘扫描"则扫描计算机的所有位置；单击"自定义扫描"则打开如图9-10所示的扫描区域设置对话框，在对话框中用户可以设置扫描的位置，单击"开始扫描"按钮，则开始扫描设置的位置。

图9-10　扫描区域设置对话框

Step**04** 扫描木马的界面如图9-11所示，如果单击"暂停"按钮则"暂停"扫描，如果单击"停止"按钮，则停止扫描。

图9-11 扫描木马

Step**05** 扫描结束后便可以看到查杀结果，如图 9-12所示。在扫描的过程中如果发现木马，则会在下面的列表框中显示扫描出来的木马，并列出其威胁对象、威胁类型、处理状态等，之后根据软件提示对木马进行处理即可。

图9-12 扫描结果

巩固练习

当用360安全卫士查杀木马时，用户可以选择哪几种扫描方式？

项目任务9-4 流氓软件

探索时间

小王在使用IE浏览器上网时，经常会弹出广告窗口，小王如何做才能屏蔽广告窗口？

动手做1 了解流氓软件

流氓软件是介于病毒和正规软件之间的软件，通俗地讲是指在使用计算机上网时，不断跳出的窗口让自己的鼠标无所适从；有时计算机浏览器被莫名修改增加了许多工作条，当用户打开网页却变成不相干的奇怪画面，甚至是黄色广告。有些流氓软件只是为了达到某种目的，比如广告宣传，这些流氓软件不会影响用户计算机的正常使用，只不过在启动浏览器的时候会多弹出来一个网页，从而达到宣传的目的。"流氓软件"同时具备正常功能（下载、媒体播放等）和恶意行为（弹广告、开后门），给用户带来实质危害。这些软件也可能被称为恶意广告软件（Adware）、间谍软件（Spyware）、恶意共享软件（Malicious Shareware）。与病毒或者蠕虫不同，这些软件很多不是小团体或者个人秘密地编写和散播，反而有很多知名企业和团体涉嫌此类软件。其中以雅虎旗下的3721最为知名和普遍，也比较典型。该软件采用多种技术手段强行安装和对抗删除。很多用户投诉是在不知情的情况下遭到安装，而其多种反卸载和自动恢复技术使得很多软件专业人员也感到难以对付，以至于其卸载方法成为大陆网站上的常常被讨论和咨询的技术问题。

根据不同的特征和危害，困扰广大计算机用户的流氓软件主要有如下几类：

（1）广告软件（Adware）

广告软件是指未经用户允许，下载并安装在用户计算机上；或与其他软件捆绑，通过弹出式广告等形式牟取商业利益的程序。

此类软件往往会强制安装并无法卸载；在后台收集用户信息牟利，危及用户隐私；频繁弹出广告，消耗系统资源，使其运行变慢等。

如：用户安装了某下载软件后，会一直弹出带有广告内容的窗口，干扰正常使用。还有一些软件安装后，会在IE浏览器的工具栏位置添加与其功能不相干的广告图标，普通用户很难清除。

（2）间谍软件（Spyware）

间谍软件是一种能够在用户不知情的情况下，在其计算机上安装后门、收集用户信息的软件。 用户的隐私数据和重要信息会被"后门程序"捕获，并被发送给黑客、商业公司等。这些"后门程序"甚至能使用户的计算机被远程操纵，组成庞大的"僵尸网络"，这是网络安全的重要隐患之一。 如：某些软件会获取用户的软硬件配置，并发送出去用于商业目的。

（3）浏览器劫持

浏览器劫持是一种恶意程序，通过浏览器插件、BHO（浏览器辅助对象）、Winsock LSP等形式对用户的浏览器进行篡改，使用户的浏览器配置不正常，被强行引导到商业网站。

用户在浏览网站时会被强行安装此类插件，普通用户根本无法将其卸载，被劫持后，用户只要上网就会被强行引导到其指定的网站，严重影响正常上网浏览。

如：一些不良站点会频繁弹出安装窗口，迫使用户安装某浏览器插件，甚至根本不征求用户意见，利用系统漏洞在后台强制安装到用户计算机中。这种插件还采用了不规范的软件编写技术（此技术通常被病毒使用）来逃避用户卸载，往往会造成浏览器错误、系统异常重启等。

（4）行为记录软件（Track Ware）

行为记录软件是指未经用户许可，窃取并分析用户隐私数据，记录用户计算机使用习惯、网络浏览习惯等个人行为的软件。

这些软件危及用户隐私，可能被黑客利用来进行网络诈骗。

如：一些软件会在后台记录用户访问过的网站并加以分析，有的甚至会发送给专门的商业公司或机构，此类机构会据此窥测用户的爱好，并进行相应的广告推广或商业活动。

（5）恶意共享软件（Malicious Shareware）

恶意共享软件是指某些共享软件为了获取利益，采用诱骗手段、试用陷阱等方式强迫用户注册，或在软件体内捆绑各类恶意插件，未经允许即将其安装到用户机器里。

这类软件使用"试用陷阱"强迫用户进行注册，否则可能会丢失个人资料等数据。软件集成的插件可能会造成用户浏览器被劫持、隐私被窃取等。

如：用户安装某款媒体播放软件后，会被强迫安装与播放功能毫不相干的软件（搜索插件、下载软件）而不给出明确提示；并且用户卸载播放器软件时不会自动卸载这些附加安装的软件。

❖ 动手做2 屏蔽恶意广告

有些流氓软件只是为了达到某种目的，比如广告宣传，这些流氓软件不会影响用户计算机的正常使用，只不过在启动浏览器的时候会多弹出来一个网页，从而达到宣传的目的。这些弹出窗口严重影响了计算机的正常使用，甚至可能会造成IE的"假死"现象。

IE浏览器带有屏蔽自动弹出窗口的功能，默认情况下该功能是开启的，如果没开启，用户可以开启，具体方法如下：

Step 01 启动IE 浏览器。

Step 02 单击"工具"菜单中的"弹出窗口阻止程序"命令，此时将显示出子菜单，如图9-13所示。

Step 03 在子菜单中选择"启用弹出窗口阻止程序"即可启用屏蔽自动弹出窗口的功能。

图9-13　启用弹出窗口阻止程序

弹出窗口阻止程序的默认设置允许用户查看通过单击网站上的链接或按钮打开的弹出窗口。如果希望查看某些特定网站显示的弹出窗口，可进行如下操作：

Step 01 单击"工具"菜单中的"弹出窗口阻止程序"命令，此时将显示出子菜单。

Step**02** 在子菜单中选择"弹出窗口阻止程序设置"命令，打开"弹出窗口阻止程序设置"对话框，如图9-14所示。

Step**03** 在筛选级别列表中用户可以设置筛选的级别，默认为中，用户可以根据需要进行选择。

Step**04** 用户还可以选择在阻止弹出窗口时是否显示信息栏和播放声音。

Step**05** 在要允许的网站地址文本框中键入允许查看其中的弹出窗口的网站地址（或URL），然后单击"添加"按钮。

Step**06** 被添加的网址显示在允许的站点列表中，完成设置后单击"关闭"按钮即可。

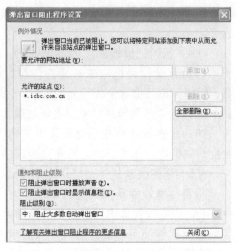

图9-14 "弹出窗口阻止程序设置"对话框

教你一招

在设置时如果选中了"阻止弹出窗口时显示信息栏"复选框，则在阻止弹出窗口时在浏览器的地址栏下方显示一个信息栏，如图9-15所示。单击信息栏打开一个下拉菜单，在菜单中选择"临时允许弹出窗口"，则允许临时弹出窗口。

图9-15 阻止弹出窗口时显示的信息栏

提示

在开启弹出窗口阻止程序后仍可能看到一些弹出式窗口，其原因很多，比如当前计算机上可能有启动弹出窗口的软件，有些带有动画内容的窗口不会被阻止等。

巩固练习

在IE浏览器中如果用户启用了弹出窗口阻止程序，在浏览网页时IE浏览器是否能阻止所有的窗口弹出？

项目任务9-5 系统漏洞防御

探索时间

小王的计算机上安装有360安全卫士，在启动计算机后360安全卫士提示有漏洞需要修复，小王应如何使用360安全卫士来修复漏洞？

动手做1 修复漏洞

要想防范系统的漏洞，就应当及时为系统打补丁，减少系统漏洞，以此来提高系统的安全性。所谓补丁程序指的是由操作系统或者应用程序的生产商发布的用来解决先前程序设计中存在的缺陷或者安全漏洞的修补程序。

为系统打补丁时，可以使用第三方软件来完成，常用的有 360 安全卫士和 Windows 优化大师等软件。

这里以使用360安全卫士为系统修复漏洞为例介绍一下，基本方法如下：

Step 01 启动360安全卫士，在360安全卫士主窗口中选择"漏洞修复"选项卡，进入修复漏洞窗口。

Step 02 此时360安全卫士会自动检测系统中存在的漏洞并显示了系统中需要安装的补丁，如图 9-16 所示。

图9-16　360安全卫士查出的漏洞及补丁

Step 03 系统漏洞有些是不需要进行修补的，用户可以在漏洞列表中选中需要修复的系统漏洞，单击"立即修复"按钮，系统将自动下载补丁并进行安装。

Step 04 当修复完系统漏洞后,在所修复选项的右侧将显示已修复的提示信息,说明这个漏洞的补丁已经安装完成,如图9-17所示。

图9-17 修复结果

动手做2 自动更新

使用Windows操作系统的用户还可以利用Windows操作系统的自动更新功能来修复系统漏洞。

在Windows XP系统中启用自动更新功能的基本步骤如下:

Step 01 在"开始"菜单中单击"控制面板"选项,打开控制面板。在控制面板中单击"安全中心"选项,打开Windows安全中心。

Step 02 在安全中心单击"管理安全设置区域"的"自动更新"选项,打开"自动更新"对话框,如图9-18所示。

Step 03 有4种更新方式可供选择,如图9-18所示。具体说明如下:

- 自动安装更新:选中该单选按钮可启用自动更新功能,在下面的下拉列表中可设置自动更新的频率及时间。设置此选项后,Windows 将会识别用户何时联机,并使用 Internet 连接在 Windows Update 网站或 Microsoft Update 网站中查找适合您的计算机的更新。更新将在后台自动下载,在此过程中用户不会收到通知或被中断。在下载更新的过程中,任务栏的

图9-18 "自动更新"对话框

通知区域中会出现一个图标。用户可以指向该图标以查看下载状态。若要暂停或继续下载,使用右键单击该图标,然后单击"暂停"或"继续"。下载完成后,通知区域中会出现另一条消息,以便用户检查计划安装的更新,如果用户选择不在此时安装,Windows 将在用户设定的时间开始安装。

- 下载更新但是由我来决定什么时候安装:设置此选项后,Windows 将会识别用户何时联机,并使用 Internet 连接从 Windows Update 网站或 Microsoft Update 网站自动下载更新。下载完成后,通知区域中会出现一条消息。如果用户不想安装已下载的更新,单击"详细信息",然后清除更新旁边的复选框,从而拒绝该更新。单击"安装"可安装

选定的更新。

- 有可用下载时通知我但不要自动下载或安装更新：设置此选项后，Windows 将会识别用户何时联机，并使用 Internet 连接从 Windows Update 网站或 Microsoft Update 网站搜索下载内容。当有新的更新可供下载或安装时，任务栏的通知区域中会出现自动更新图标和消息。单击该图标或消息可查看更新。如果用户不想下载所选更新，清除更新旁边的复选框，从而拒绝该更新。单击"开始下载"可下载选定的更新。
- 关闭更新：选中该单选按钮将关闭自动更新功能，这样系统会变得不安全。

Step**04** 设置完毕，单击"确定"按钮。

巩固练习

Windows操作系统的自动更新功能有哪几种更新方式？

项目任务9-6 恶意网页代码的防御

探索时间

最近小王经常受到恶意网页代码的攻击，令小王苦不堪言。小王若想远离恶意网页代码的危害，需要进行哪些必要的防范来对抗恶意的网页代码攻击？

⁛ 动手做1 增强IE自身的防护能力

IE 自身具有一定的防护设置，可以对系统网络连接的安全级别进行设置，可在一定程度上预防某些有害的Java 程序或某些 ActiveX 组件对计算机的侵害，基本的操作方法如下：

Step**01** 启动IE 浏览器。

Step**02** 选择"工具"菜单中的"Internet 选项"命令，打开"Internet 选项"对话框，选择"安全"选项卡，如图9-19所示。

Step**03** 在选择要查看的区域或者更改安全设置区域有四个图标分别代表四个区域Internet区域、本地Internet区域、可信站点区域、受限站点区域。每一种代表一类不同的信息来源，对于不同的信息来源用户可以设置不同的安全等级。

Step**04** 在该区域的安全级别一栏中有两个按钮：自定义设置、将所有区域重置为默认级别。在一般情况下上述四个区域都有一个默认设置。如果想更改某一区域的设置，先单击该代表区域的图标，然后在默认设置中上下拖动级别游标，自己设置安全级别。游标在每一个等级上时，都会显示该级别的名称与说明，让用户对该级别的大致内容有所了解。

图9-19 "Internet 选项"对话框"安全"选项卡

Step**05** 如果用户对上面的四个等级还不满意，可以对某个安全区的安全等级重新设置。单击"自定义设置"按钮设置按钮，打开"安全设置"对话框，如图9-20所示。在该对话框中可以调整每个

安全选项，安全设置的大多说选项都有三个选择：启用、提示、禁用，用户可以选择在需要该项的内容时是直接使用，还是提示用户选择是否进行，或干脆不允许使用该项。

Step 06 如果用户改变了安全设置中的许多设置后，又改变了主意，想恢复到先前的设置，可以单击重置为右侧的下拉箭头，选择先前的安全等级，然后单击"重置"按钮，可将所有的选项恢复到该安全等级的原有设置。

在Internet Explorer中，计算机会将所有的Web站点分到Internet区域里，并定义为中等安全等级。用户可以按信任程度的大小，将Web站点分到不同的区域中。

如要将某个站点添加到受限制的站点区域区域中，首先选中受限制的站点区域图标，单击"站点"按钮，打开"受限站点"区域对话框，如图9-21所示。在"将该网站添加到区域"中文本框中输入用户想要加入到本区域站点的地址，单击"添加"按钮就将其添加到本区域中了。选中某网站列表中的网址，单击"删除"按钮，可将其删除。设置完毕后，单击"确定"按钮，然后用户可以单独对受限站点设置安全级别。

图9-20 "安全设置"对话框

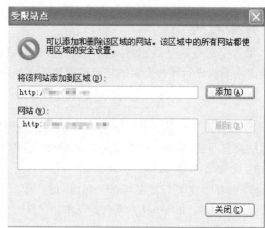

图9-21 "受限站点"对话框

 提示

同一站点类别中的所有站点，均使用同一安全级别。

※ 动手做2　用黑名单拦截恶意网页

对于已知的恶意网页，用户可以在 IE 中将它们添加到黑名单中，这样用户就不会再进入这些网页了，基本操作方法如下：

Step 01 启动IE 浏览器。

Step 02 选择"工具"菜单中的"Internet 选项"命令，打开"Internet 选项"对话框，选择"内容"选项卡，如图9-22所示。

Step 03 单击分级审查程序区域中的"启用"按钮，打开"内容审查程序"对话框，单击"许可站点"选项卡，如图9-23所示。用户可以"允许该网站"框中输入站点名称，然后选择"从不"即可将该网址加入黑名单。

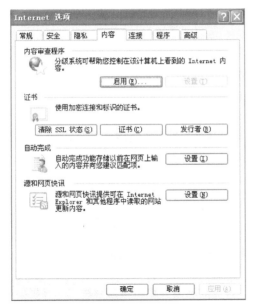

图9-22 "Internet 选项"对话框"内容"选项卡　　　　图9-23 设置黑名单

Step 04 单击"确定"按钮,关闭内容审查程序对话框。

课后练习与指导

一、选择题

1. 下面关于计算机病毒的特点说法正确的是（　　　）。

　　A. 有些计算机病毒不直接产生破坏作用,但会占用系统资源,影响系统的正常运行

　　B. 计算机病毒可以自我复制

　　C. 计算机病毒是随机爆发的

　　D. 计算机病毒通常隐藏在正常程序或文件之中,但不会隐藏在磁盘引导扇区中

2. 下面哪种途径可以传播计算机病毒（　　　）。

　　A. 硬盘、内存、主板

　　B. 光盘、U盘、移动硬盘

　　C. 计算机网络

　　D. 点对点通信系统和无线通道传播

3. 下面关于计算机木马的说法正确的是（　　　）。

　　A. 计算机木马的繁殖速度比病毒还要快

　　B. 计算机木马可以实现远程控制

　　C. 电子邮件的附件以及在网上下载文件是传播木马的常见方式

　　D. 在使用QQ聊天时好友发送给你的文件或网页都可能传播木马

4. 下面关于流氓软件的说法正确的是（　　　）。

　　A. 流氓软件一般是在用户不知情下被强制遭到安装

　　B. 流氓软件会使用户的计算机系统崩溃

　　C. 大部分的流氓软件用户能轻而易举地将其卸载

　　D. 流氓软件不会窃取用户资料,目的只是宣传

5．下列关于系统漏洞的说法正确的是（　　　）。

    A．只有操作系统才会产生漏洞

    B．所有的系统漏洞都必须修补

    C．Windows的自动更新功能只能修补Windows自身的漏洞

    D．系统在修复补丁时必须首先下载，然后安装

6．下列说法正确的是（　　　）。

    A．计算机只要安装了防毒、杀毒软件，上网浏览就不会感染病毒

    B．木马也可以通过网页进行传播

    C．防火墙是一种软件

    D．对计算机病毒必须以预防为主

二、填空题

1．所谓补丁程序指的是由操作系统或者应用程序的生产商发布的＿＿＿＿＿＿＿＿＿的修补程序。

2．计算机病毒（Computer Virus）在《中华人民共和国计算机信息系统安全保护条例》中被明确定义为＿＿＿＿＿＿＿＿＿＿＿＿＿＿＿＿＿＿＿＿＿＿＿＿＿＿＿。

3．＿＿＿＿＿＿＿＿＿是计算机病毒最重要的特征，是判断一段程序代码是否为计算机病毒的依据。另外计算机病毒还具有非授权可执行性、＿＿＿＿＿＿＿、＿＿＿＿＿＿＿、破坏性、＿＿＿＿＿＿＿以及网络型等特点。

4．根据木马程序对计算机的具体动作方式，可以把现在的木马程序分为以下几类：＿＿＿＿＿、＿＿＿＿＿＿、＿＿＿＿＿＿、＿＿＿＿＿＿、＿＿＿＿＿＿、＿＿＿＿＿＿、＿＿＿＿＿＿、＿＿＿＿＿＿、＿＿＿＿＿＿、＿＿＿＿＿＿。

5．根据不同的特征和危害，困扰广大计算机用户的流氓软件主要有如下几类：＿＿＿＿＿、＿＿＿＿＿＿、＿＿＿＿＿＿、＿＿＿＿＿＿、＿＿＿＿＿＿。

6．流氓软件是介于＿＿＿＿＿＿和＿＿＿＿＿＿之间的软件，这些软件很多不是小团体或者个人秘密地编写和散播，反而有很多知名企业和团体涉嫌此类软件。

三、简答题

1．计算机感染病毒后应如何处理？

2．在日常的工作和学习中如何预防计算机病毒？

3．使用防火墙可以达到哪些目的？

4．木马有哪些常见的传播途径？

5．什么是流氓软件？

6．修补系统漏洞有哪些方法？

四、实践题

练习1：在网上下载一个瑞星杀毒软件，进行安装，然后对计算机进行快速查杀。

练习2：启用Windows防火墙并不允许有例外项。

练习3：在网上下载一个360安全卫士，进行安装，利用360安全卫士对系统漏洞进行修复，利用360安全卫士快速扫描木马。

练习4：启用IE浏览器的弹出窗口阻止程序，然后利用IE浏览器上网浏览网页，在出现信息栏时，设置临时允许弹出窗口。

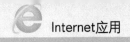

Internet应用

附 录 A

配套知识拓展说明

　　为了提高学习效率，方便读者练习、提高，本书配备了 21 个知识拓展的内容，请有此需要的读者与本书编者（QQ号：2059536670）联系，获取这些资源；或者登录华信教育资源网（http://www.hxedu.com.cn）免费注册后进行下载，有问题时请在网站留言板留言或与电子工业出版社联系（E-mail:hxedu@phei.com.cn）